LA FABRICA VISUAL

Métodos visuales
para mejorar la productividad

W0234673

LA FABRICA VISUAL

**Métodos visuales
para mejorar la productividad**

Michel Greif

Productivity Press, Inc.
Portland, Oregon

Originalmente publicado como *L'Usine S'Affiche*, © 1989
per Les Editions d'Organisation

Versión en lengua inglesa © 1991 de Productivity Press
P.O. Box 13390 Portland, OR 97213-0390, USA

Edición en español © 1993, Tecnologías de Gerencia y Producción-Hoshin, S.L.
Raimundo Fernández Villaverde, 1. 28003 Madrid, (ESPAÑA)
Teléf. y Fax: (91) 553 19 37

ISBN: 84-87022-90-1
Depósito legal: M-11038-1993
Fotocomposición: Angela Zambrano

Contenido

5 Control visual de la calidad 135

Reconocimientos

Este libro no se habría escrito si no se hubiese permitido visitar ciertas fábricas, en las que nada se oculta. La hospitalidad y ayuda recibidas me han permitido obtener la información necesaria. Por tanto, deseo expresar mi más sincero aprecio a todo su personal - trabajadores, staff administrativo, ejecutivos, y dirección.

Bendix Electronics (Toulouse, Francia); Bull (Angers, Francia); Case Tenneco (Washau, Wisconsin); Citroën (Caen, Francia); Digital Equipment Corporation (Colorado Springs, Colorado); Ernaul Toyota (Cholet, Francia); Facom (Nevers, Francia); Favi (Hallencourt, Francia); Fichet Bauche (Oustmarest, Francia): France Abonnements (Chantilly, Francia); Fleury Michon (Pozauges, Francia); Gorman Rupp (Ohio); Hewlett-Packard (Cupertino, California); Hewlett-Packard (Ford Collins y Greeley, Colorado); Hewlett-Packard (Grenoble, Francia); Hewlett-Parckard (Sunnyvale, California); NUMMI (Fremont, California); Omark (Oroville, California); Physio Control (Seattle, Washington); Poclain (Carvin, Francia); Société Anonyme de Télécommunications (Lannion, Francia); Simpson (Shelton, Washington); Solex (Evereux, Francia); Télémécanique (Carros, Francia); Valeo (La-Suze-sur-Sarthe, Francia).

Deseo también dar las gracias a Berco Grimbert, que fue mi introductor en el mundo de la fabricación cuando yo era un joven ingeniero, y me enseñó a apreciar el trabajo realizado apropiadamente.

Debo igualmente expresar mi gratitud al staff de profesores de la Escuela de Altos Estudios Comerciales, en el campus de Jouy-en-Josas, y más especificamente a los profesores Gérard Baglin, Olivier Bruel, Alain Garreau, y Lucien Maeder, con los que, a través de numerosos contactos y discusiones, he podido ampliar mi perspectiva de la ingeniería industrial. Los expertos del Centre International de la Pédagogie d'Entreprise (CIPE) también me han facilitado valiosos consejos y me han abierto muchas puertas. Espero que Christian Moisy y Eric Pesnel sean conscientes de mi agradecimiento.

Ultimamente, es imposible para mí olvidar la magnitud de la aportación de mi esposa, Rosa Laura Fischbein Greif, a la producción de este libro. Merece mi reconocimiento, tanto por su expertise en las áreas de psicología y comunicaciones, que ha facilitado penetrantes observaciones relacionadas con mi tema, como por situar constantemente el listón ligeramente más alto, forzándome a excederme en mis expectativas.

Michel Greif

Prólogo

El lugar de trabajo tradicional está lleno de señales visuales. Sus filas de lámparas fluorescentes, suelos embaldosados, y laberintos de bancos de trabajo y estantes describen un lugar en el que se trabaja. Las comunicaciones *para* el personal se colocan en tableros de boletines: anuncios legales, programas de vacaciones y tasas salariales, un poster que exhorta a los trabajadores a observar las reglas de seguridad —todo ello de un color más bien amarillento. Al lado de los tableros de boletines están instalados buzones cerrados de sugerencias, que representan la voz del personal para la dirección.

Incluso hoy, esta escena se repite en muchas de las fábricas que visito. La fábrica, como señala Michel Greif, nos habla, y demasiado a menudo su mensaje indica desconfianza mutua, comunicaciones uni-direccionales, y falta de consideración para el potencial intelectual que hay en el personal de la planta.

¿Cómo podemos cambiar? En *La Fábrica Visual,* Michel Greif ha reunido docenas de ejemplos específicos de usos eficaces e infructuosos de las técnicas visuales, y yuxtapuestos de modo que se resalta lo que hay que hacer y *no* hacer para crear la fábrica visual. Estos casos demuestran que los controles visuales no son justamente una técnica a añadir al contexto tradicional de la comunicación. Es un nuevo medio de comunicación que solamente puede trabajar en un nuevo contexto.

Como medio, la comunicación visual es «un mensaje en busca de autor». En contraste con los anuncios tradicionales, el mensaje visual no se dirige a una parte específica. Se parece más a un comunicado que cualquier empleado podría redactar; cada persona que suscribe el mensaje, en cierto sentido, es su autor: la fábrica visual es tal que la comunicación está en la vista del que la contempla. Técnicas tales como el *Kanban, jidoka, andon* y CEDAC* atraen el *público* de la fábrica hacia el mensaje más bien que sitúan datos ante las narices de un selecto grupo de directivos y supervisores. La información, que durante muchas décadas se ha desconectado de la producción, se reintegra ahora en una forma que aumenta el significado de cada tarea productiva.

El medio define un nuevo contexto, en el que se amplian las fronteras departametnales y jerárquicas. Participar en la información es participar en el poder y en el control. Transformar la atmósfera tradicional de mutua desconfianza en una más favorable a la comunicación visual es de lejos un mayor desafío que formar y practicar en técnicas particulares. Lograr una fábrica visual requiere que primero logremos una fábrica *visible*: que respete y estimule el conocimiento y experiencia de todos los empleados, y en la que el contacto físico con la alta dirección en los propios puntos de trabajo sea un lugar común. Los casos específicos expuestos en *La Fábrica Visual* serán especialmente útiles en compañías que están dispuestas a un ataque frontal contra el status quo pero que no están muy seguras respecto a cómo empezar.

El poder de las señales visuales está ante nosotros cada día, pero por falta de perspicacia no se ha reconocido durante mucho tiempo. En United Electric, solamente después de años de continuos esfuerzos de mejora descubrimos que compartir la información dentro de la fábrica es inseparable de la motivación pública para mejorar. Este trabajo de Michel Greif ofrece una fresca «perpectiva visual» de las técnicas para la mejora continua, situándolas en un espacio real de fábricas reales.

Bruce Hamilton
Vicepresidente de Fabricación de United Electric
Controls Company, Watertown, Massachusetts

---

*CEDAC es la marca de servicio registrada de Productivity Inc.

Mensaje del editor
en lengua inglesa

¿Puede imaginar un partido de béisbol en el que nadie conozca el resultado? Su equipo está puntuando, su contrario está también marcando puntos, y algunas de las actuaciones del árbitro pueden llamar su atención durante un cierto tiempo. Pero, ¿cuánto durará su interés real por el partido? El resultado hace interesante la acción definiendo quién es el que gana y las oportunidades o probabilidades de ganar que tienen ambos contendientes. Señala a los jugadores cómo lo está haciendo el equipo y cómo contribuyen sus esfuerzos individuales al eventual éxito —en resumen, lo que se precisa hacer para ganar.

La situación no es diferente en la competición industrial: los jugadores son aquí los hombres y mujeres de las fábricas. *La Fábrica Visual* es un libro con un mensaje largo tiempo olvidado: los empleados son individuos inteligentes proclives a motivarse por su trabajo, y mantenerles informados sobre cómo sus esfuerzos afectan al resultado y darles el poder y responsabilidad de alcanzar sus metas aumenta esa motivación.

Durante muchos años, las compañías han operado precisamente bajo la hipótesis opuesta. En fábricas y oficinas, la dirección ha asumido la ignorancia de los trabajadores, ha dividido el trabajo en tareas simples, repetitivas, y ha controlado a las personas a través del autoritarismo y la confrontación. La participación en la información no era algo a tener en cuenta: toda la información estaba en las manos de los jefes, y los trabajadores se mantenían ignorantes de la misma.

El juego está cambiando en la fábrica de hoy. Las estrategias de gestión de fabricación modernas no pueden adoptarse eficazmente en una organización autoritaria. Se necesita la participación de los trabajadores, de los directores, y de un staff técnico capacitado, con todas las partes como responsables del resultado. Y para producir el resultado deseado, todos los asociados deben estar informados y trabajar juntos.

La comunicación visual es información en auto-servicio —hace que toda la información comúnmente disponible se pueda entender directamente por todos los que la vean. Esta participación en la información aporta una nueva luz y vida a la cultura de los lugares de trabajo. *La Fábrica Visual* muestra algunos de los principales modos que están utilizando compañías pioneras para mostrar la información visual construyendo un entorno compartido que garantiza el éxito. Michel Greif ha viajado por toda Europa y Estados Unidos estudiando el uso de la comunicación visual y reuniendo materiales para este libro. La figura 1-4 presenta una tabla visual de los contenidos del libro, ilustrando y resumiento muchos de los principales tipos de comunicación visual que ha identificado.

El territorio de un equipo visualmente identificado es el punto de partida. Los equipos de trabajo necesitan tener un lugar que puedan identificar como propio —un lugar para reunirse, revisar indicadores del estatus de trabajo, colocar información, mostrar toques personales y símbolos de la identidad del equipo así como ejemplos de lo que producen. La documentación visual incluye expresiones del modo estándar de hacer el trabajo de forma que tanto los trabajadores experimentados como los nuevos puedan producir productos similares. Aunque tal documentación se crea a menudo por un departamento técnico, el sistema trabaja mejor si sus elementos se definen y refinan primero por los que realmente ejecutan el trabajo.

El control visual de la producción ya es familiar a muchos lectores en la forma de los kanbans de gestión de los stocks y del flujo. Sin embargo, el examen de Greif incluye otros muchos tipos de documentación, incluyendo gráficos de programación de pared y sistemas de control de stocks. El control visual de calidad incluye luces de alarma para malfunciones de máquinas, calibres visuales del tipo pasa/no pasa para una rápida lectura, gráficos generados por métodos de control estadístico del proceso, y registros de problemas ocurridos.

Los indicadores visuales de procesos muestran los resultados actuales —objetivos y el grado con el que están alcanzando. Un resultado importante de hacer visible esta información y disponible por todos es su objetivación. Más bien que descargar reprimendas, supervisores y trabajadores trabajan conjuntamente examinando la situación y los modos de mejorarla.

Una fábrica visual tiene también mecanismos visuales para seguir y celebrar el progreso y la mejora. El autor examina el CEDAC como una metodología clave para evaluar soluciones alternativas y reforzar la adherencia de los que trabajan. Otros temas relacionados con la mejora que examina Greif incluyen los Centros de Intercambio de Ideas para reunir y amplificar las ideas de los empleados, y ejemplos de declaraciones de misión de compañías y departamentos que sirven como recordatorios de los ideales y progresos de los grupos.

Las compañías occidentales deben aprender a utilizar la información visual para integrar los esfuerzos de sus empleados en las metas y estrategias globales. Nuestros competidores japoneses ciertamente lo están haciendo. La planta más notable que he podido visitar es la fábrica de lavadoras de Matsushita. En esta planta, los trabajadores conocen el resultado/rendimiento exacto, en cada momento del día. A través de sistemas visuales, saben exactamente lo que tienen que producir en el día y en qué situación están con relación al total. Conocen los ahorros de costes que puede producir cualquier sugerencia particular. Conocen la tasa de defectos y cómo afecta la calidad de su trabajo a la calidad del producto final. Registran y muestran cada problema del día, y toman fotografías o dibujos de cada problema y de su solución o mejora de forma que sus ideas puedan estimular otras ideas. ¿El resultado? La fábrica de lavadoras de Matsushita mantiene una tasa de defectos de *cero* —ningún defecto sale de la planta.

¿Tiene poder la información? Puede apostar que sí, y es mucho más poderosa cuando se comparte con el personal. Le sugiero que estudie cuidadosamente este libro, que lo discuta en grupos de directivos, en reuniones de equipos multidisciplinarios, y con equipos de trabajo. Determine todo lo que puede hacer para asegurar que todos sus compañeros de equipo asimilan estos conocimientos.

Doy las gracias a Michel Greif por facilitar que este penetrante libro se pueda poner a disposición de la audiencia en lengua inglesa y al Vicepresidente de Productivity Press, Steven Ott, por llevar a buen término la impresión en inglés. Bruce Hamilton, Vicepresidente de Fabricación de United Electric Controls Company, ganador del Premio Shingo a la excelencia en fabricación de 1990, ha preparado un estimable prólogo. Además de las compañías mencionadas en los reconocimientos del Dr. Greif, un cierto número de personas merecen reconocimiento por sus contribuciones: el traductor Larry Lockwood, que ha capturado el espíritu del original. Gwendolyn Galsworth de Productivity Inc., y Paul Everett de Simpson Timber han aportado valiosos comentarios sobre el examen del sistema CEDAC. Karen Jones ha dirigido el desarrollo editorial del proyecto, y Marie Cantlon la preparación del manuscrito final con la ayuda de Mary Jane Curry (corrección de errores) y Aurelia Navarro y Jennifer Cross (lectura de pruebas). El índice ha sido preparado por Joyce Ananian. David Lennon ha dirigido la producción del libro, que ha sido diseñado e impreso por el staff de Ruda Press.

Norman Bodek
Presidente de Productivity, Inc.

Prefacio

Más allá del puente de Tancarville, la carretera se curva hacia la derecha y continúa por debajo de los peñascos calizos que bordean el cauce del Sena. Siguiendo próximo al canal, se llega en pocos minutos a la planta de Sandouville. Allí, dentro de grandes edificios blancos, es donde el Grupo Renault produce sus automóviles.

Como profesor visito a menudo fábricas, bien acompañando a grupos de estudiantes, o profesionales o para realizar una investigación. Siempre hay algo que ver cuando se exploran estos monumentos contemporáneos que fabrican los productos que nos rodean —automóviles, vestidos, alimentos congelados, libros, muebles, medicamentos, etc.—. Hay prensas para estampar, máquinas para curvar, máquinas herramientas para mecanizado y acabado, y tanques para mezclar. Cientos de pequeños contenedores llenos de piezas coloreadas se mueven entre diferentes posiciones de ensamble. Hay elementos moviéndose sobre las cabezas, colgados de transportadores que semejan montañas rusas. Hay un aroma picante de aceite caliente, una atmósfera electrificada por chispas, y el poderoso olor de los plásticos.

Con todo, a menudo encuentro a visitantes de fábricas que se aburren. También me ocurrió a mí en cierta ocasión que empecé a notar que me aburría porque se me escapaba el significado de los eventos que se sucedían en las diferentes áreas del trabajo —justamente como es probable que le ocurra a la mayoría de las personas que trabajan en las fábricas.

¿Es la producción eficiente o ineficiente? ¿Se están dando pasos para mejorar la calidad o reducir el nivel de malfunciones? ¿Han tenido éxito los esfuerzos para reducir los stocks?¿Se cumplen siempre las metas y programas de producción?¿Participan los trabajadores en proyectos para mejorar la producción?

Para responder a estas cuestiones, debemos entrar en las oficinas. Allí, penetramos en un denso bosque de abstracciones, como si las abstracciones fuesen el único modo de hacer significativo el proceso de producción. La mayoría de las plantas son tediosas al visitarlas porque la realidad de la producción no es visible en el punto en que se hace. Las áreas de trabajo son como cuerpos sin alma.

Mi visita a la planta de Sandoville ocupó un día entero. Volviendo a París por la noche, experimenté un sentimiento inusual. Sandouville era diferente a la mayoría de las fábricas. Prevalecía la sensación de que sus áreas de trabajo estaban humanizadas. Un área poblada es más que un surtido de objetos traidos de otras partes. La presencia humana se reconocía en un contacto inicial. Es como si cada toque personal, cada color, cada proporción hablase de sus ocupantes.

¿Dónde se origina la sensación de esta presencia humana en la planta de Sandouville? ¿Es la apariencia de las máquinas pintadas con colores diferentes en cada sección? ¿O los pasos marcados en suelos impecablemente limpios? ¿O los escaparates de demostración situados en el centro de las áreas de trabajo?¿O las fotografías de instrucción situadas al lado de las máquinas? ¿O los grandes gráficos que muestran datos de rendimientos del mes? ¿O los gráficos de colores que indican los pasos para resolver problemas técnicos? ¿O las fotografías que explican recientes mejoras de las máquinas realizadas por diversos equipos de producción?

Era obvia una íntima relación entre mi sensación de estar en una fábrica habitada y la composición del espacio visual dentro de la fábrica —un momento especial en el que se incrementó mi interés por la organización visual.

Sin embargo, el tema de la comunicación visual ha sido raras veces examinado en la literatura de la comunicación industrial. El enfoque dominante es una perspectiva esencialmente técnica en la que se asume que el medio para cualquier mensaje dado es social y psicológicamente neutral. El objetivo esencial es transmitir *bits* de información de modo económico y fiable. Esos flujos de comunicación que corren dentro de las fábricas como ríos subterráneos no son importantes para la comunicación tradicional en los lugares de trabajo.

Como no encontré una respuesta completa a mis preguntas en la literatura, he realizado investigaciones relacionadas con la comunicación visual en las fábricas. He asignado un año sabático a desarrollar documentación, visitando muchas plantas y reuniéndome con personas que podían aumentar mis conocimientos.

En este año, he viajado por todo el mundo, visitando un gran número de plantas en Francia y otros países acumulando cientos de ejemplos obtenidos directamente de las áreas de trabajo.

Me sorprendió una observación inicial: la comunicación visual puede también rendir resultados adversos. En algunas plantas, he visto posters amarillentos, paneles con boletines cubiertos de polvo, gráficos con las curvas interrumpidas, con relojes parados, y áreas de trabajo desordenadas con cajas y buzones vacíos rara vez repintados. Aunque la dirección ha intentado crear una nueva imagen en esas plantas, se ha encontrado con obstáculos inflexibles.

Un día un director de planta me dijo: «Su idea es maravillosa. Nuestro comité de dirección ha estado estudiando el modo de motivar a los trabajadores mientras se les informa de sus niveles de rendimiento. Estamos colocando gráficos de productividad y niveles de calidad en las áreas de trabajo.»

Como estaba familiarizado con esta planta, conocía que la comunicación estaba allí extremadamente subdesarrollada. De un día a otro, según este director, con muchas buenas intenciones, ¿podía esperar convertir un desierto en cuanto a comunicación en un reino de mensajes? Expresé mi escepticismo. No era solamente las pocas oportunidades de tener éxito con el proyecto, se corría asimismo el riesgo de que los empleados rechazaran permanentemente cualquier forma de información visual. En esta situación, el director perdería las ventajas que la comunicación visual ofrece a las compañías cuyos proyectos tienen éxito.

Después de mis visitas de investigación, establecí una conclusión inicial derivada de la observación repetida de una relación específica: cada compañía que introducía la comunicación visual estaba también persiguiendo cambios significativos en sus modos de gestión y organización.

Por tanto, llegué a reconocer que la comunicación visual no es meramente una forma de comunicación comparable a otras formas. Instalar una red de ordenadores, desarrollar un sistema para distribuir memorándums interdepartamentales, o crear un periódico interno es posible en cualquier compañía. Sin embargo, el intento de implantar un sistema de comunicación visual dentro de una estructura donde no se apoyan ciertos principios, tiene como resultado probable el rechazo.

El tema empezó a adquirir a otra dimensión. Las cuestiones iniciales que había esperado poder contestar eran de naturaleza técnica: ¿Cómo debería instalarse un tablero de boletines? ¿Qué clase de información debería incluirse? ¿Cómo deberían diseñarse los gráficos? ¿Dónde deberían colocarse los documentos?

Estaban empezando a surgir nuevas cuestiones: ¿Porqué ciertos tipos de organización facilitan el uso de la comunicación visual? ¿Qué requerimientos se tienen que satisfacer para que las personas se interesen por los gráficos?¿Cuáles son los obstáculos probables? ¿Qué efectos se producirán en la cadena de mando de una organización? ¿Quién debe participar en la definición del espacio visual? ¿Puede trabajar la comunicación visual en una escala limitada, o exigen las reglas de coherencia que una compañía la desarrolle en toda su plenitud una vez que se ha introducido? Y, ¿qué significa «en toda su plenitud»?

En consecuencia, decidí que en vez de seleccionar como tema para mi libro la comunicación visual en las fábricas, debería explorar la gestión visual de fábricas. Este título refleja un concepto importante: el objetivo no es introducir un sistema de comunicación visual, sino crear *un modo visual de organización*.

LA FABRICA VISUAL
Crear la participación
a través de la información compartida

1
Comunicación visual

En la era de la conquista humana del espacio, se ha celebrado con considerable fanfarria el matrimonio de ordenadores y telecomunicaciones. Los futurólogos han predicho que los sistemas de comunicación por cable, los vídeo-teléfonos, las redes de ordenadores de gran distancia, y otros elementos superarán casi milagrosamente las distancias.

Pero el cambio surge a veces de fuentes inesperadas. Mientras volvemos nuestros pensamientos hacia la creación de tecnologías de comunicación más avanzadas y la instalación en nuestras fábricas de poderosos ordenadores, está renaciendo un modo antiguo de comunicación —la comunicación visual.

¿Cuándo surgió la comunicación visual? ¿Fue cuando los ejércitos empezaron a reconocerse por sus banderas? ¿O cuando los cazadores empezaron a marcar muescas en las culatas de sus escopetas para indicar sus éxitos? ¿O cuando una comunidad grabó su credo en las paredes de un templo? ¿O surgió la comunicación visual mucho antes, cuando se pintaron los métodos de caza en las paredes de las cuevas?

La comunicación visual no es nueva. Esta antigua invención se está difundiendo por las fábricas de todo el mundo como un reguero de pólvora. La comunicación visual se está desarrollando con tal amplitud que dentro de pocos años las personas que visiten fábricas que no tengan mensajes visuales podrán sentir que están entrando en instalaciones más tristes que las otras.

Las fábricas tienen una necesidad real de hacer una revolución en comunicación. Los métodos tradicionales —memorándums departamentales, informes, teléfonos, terminales de ordenador— no son suficientes. Los canales están sobrecargados, la información está alterada, el entorno está saturado, y los costes están fuera de control.

Están surgiendo nuevas necesidades de comunicación. Estas necesidades se originan con el deseo de producir más eficientemente y entregar productos a los clientes con mayor rapidez, sin fisuras en la calidad, y con el precio más competitivo. Estos desafíos son de de satisfacción imposible si no se desarrollan modos de trabajo más eficaces.

Mientras es vital satisfacer estas nuevas necesidades de comunicación, la solución no vendrá exclusivamente de la tecnología, puesto que el problema no es tecnológico. La capacidad para transmitir copias por fax a terceros países no evitará que la división de acabados no esté familiarizada con las actividades de la división de ensamble. Ni la presencia de ordenadores avanzados en las áreas de trabajo evitará que los trabajadores desechen sin analizar voluminosos estados de cuentas. En las fábricas de hoy, el problema es cómo comunicar con efectividad en las secciones próximas, no sobre grandes distancias.

Hemos estado buscando respuestas en la dirección equivocada. Estábamos esperando por la comunicación a grandes distancias, pero lo que se necesita es la comunicación con las áreas próximas —la comunicación ordinaria, capaz de facilitar el trabajo diario en entornos familiares. La comunicación simple que es accesible a cada uno promueve una mayor eficiencia, que es lo que las fábricas necesitan hoy.

Se piensa usualmente que la comunicación visual es comunicación televisada, métodos audiovisuales o imágenes visuales. En lenguaje ordinario, la palabra «visual» evoca un modo de retratar conceptos. Las fotografías e ilustraciones de este libro se piensa son visuales, pero no el texto. La escritura japonesa con ideogramas es visual; la escritura alfabética no lo es. Sin embargo, esta distinción entre comunicación visual y escrita no abarca toda la gama de la comunicación visual en las fábricas.

Asumamos que un panel iluminado con secciones móviles se instala en un área de trabajo. Aunque el mensaje se transmite en la forma de un texto escrito, este panel iluminado debe considerarse como un componente de nuestros recursos de comunicación visual.

En un ejemplo opuesto, se pide al departamento de mantenimiento que suministre fotografías de las máquinas para los archivos. Este uso de las fotografías no encaja en la comunicación visual, a pesar de la naturaleza visual de este modo de registrar las máquinas.

El hecho de intercambiar información en las fábricas por medio de dibujos y fotografías no es la marca distintiva de la comunicación visual (aunque mostraremos que las imágenes son más eficaces que los mensajes escritos). Más bien, la característica distintiva de la comunicación visual en las fábricas es el modo en el que se organiza la información para que sea accesible.

La comunicación visual es fundamentalmente una expresión de visibilidad.

VISITAS A DOS LUGARES DE TRABAJO

Para entender mejor los elementos que caracterizan la comunicación visual, consideremos dos lugares de trabajo imaginarios. Estos lugares son similares en cada aspecto, pero el lugar de trabajo convencional, emplea métodos de comunicación tradicionales y el otro, el lugar de trabajo visual, utiliza la comunicación visual. Para dotar a este ejemplo de cierto grado de realismo, asumamos que los dos lugares de trabajo producen los mismos componentes plásticos en el mismo tipo de prensas de moldeo por inyección. Después de moldear los componentes, se envían a otra sección de la planta para su ensamble en productos acabados.

Un lugar de trabajo convencional

Entremos en el primero de los lugares y aproximémonos a una de las máquinas. El supervisor dice al operario: «Vamos por detrás del programa en la producción de los paneles beige. Tenemos que acelerar el trabajo.» ¿Cómo reacciona ante el mensaje el operario que cree que está trabajando a un ritmo apropiado? El trabajador probablemente pensará: «Por supuesto. El supervisor tenía que inventar algo para hacerme acelerar.»

En el mismo lugar de trabajo entremos en la oficina del supervisor. Sobre la mesa hay una nota del jefe del departamento de inspección: «Muchas de las tapas enviadas al ensamble el último mes no tenían la forma apropiada. Roger me ha comunicado que sido necesario dos veces más tiempo del usual para montarlas.» Una reacción normal a un mensaje sobre la calidad inapropiada de algo que produce uno es una respuesta escéptica —no una como para ser acusado de crear problemas. El supervisor probablemente pensará: «¡Eso es imposible! Producimos esas piezas exactamente como lo hemos hecho siempre. Otra excusa del departamento de ensamble para explicar otro de sus retrasos.»

Suena el teléfono en la oficina del supervisor. El oficial de personal está contestando a la petición de un operario de tomar un día libre en el 14 de mayo: «Imposible, se han concedido ya demasiados días libres.» El supervisor debe transmitir esta respuesta al trabajador, que escuchará las desagradables noticias silenciosamente, mientras piensa: «El jefe está enfadado como consecuencia de mi respuesta sobre acelerar la fabricación de los paneles.»

Un lugar de trabajo visual

¿Podrían transmitirse los tres mensajes de modo diferente en un lugar de trabajo visual? Para averiguarlo, visitemos la otra planta y acerquémonos a las máquinas. Lo primero que advertimos es un tablero que muestra dos grandes mensajes escritos con un rotulador (Figura 1-1). El primer mensaje está en rojo: «Viernes, 12:00 m. 650 paneles para Vidal Co.» El otro mensaje está en azul: «240 producidos. Jueves, 6:00 tarde». Es obvio que hay un retraso. Cada miembro de este lugar de trabajo puede observar que lograr la meta será difícil sin medidas de remedio.

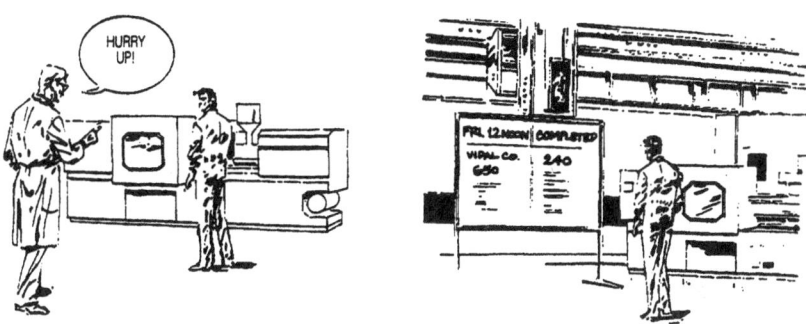

Figura 1-1. Dos plantas, dos modos de comunicar.

Continuamos nuestras investigaciones y nos acercamos a un panel próximo a la parte de atrás del área de trabajo, al lado de donde el staff mantiene reuniones (Figura 1-2). Una curva dibujada con cinta de color indica las tendencias de un indicador particular de la calidad, exactamente, el porcentaje de piezas aceptadas por el departamento de ensamble. Hacia la mitad del mes, esta curva desciende abruptamente, lo que se destaca mediante el símbolo de un pequeño sol escondido detrás de una nube para señalar «mal tiempo».

Cuando el departamento de ensamble encuentra dificultades con las piezas, por ejemplo, manufacturadas con forma errónea, inmediatamente lo notifica a la unidad de producción. La curva exhibida ofrece una indicación visible de la situación. La calidad ha descendido innegablemente.

Con base en estas señales, el operario de la máquina visita a su colega en el departamento de ensamble para conocer las dificultades. «No hay duda. Roger no puede trabajar con lo que hemos entregado», informa cuando vuelve. Las investigaciones comienzan inmediatamente para encontrar la causa del defecto y desarrollar una solución.

Figura 1-2. Dos plantas, dos modos de comunicación.

Finalmente, con el fin de entender el modo con el que un lugar de trabajo visual expresa el tercer mensaje que responde a la solicitud de un día de trabajo, nos aproximamos a un tablero dividido en dos secciones, cuya cabecera es «Planificación de personal» (Figura 1-3). El lado derecho muestra fotografías de todo el grupo. En la izquierda, una curva registra la asistencia al trabajo. El tablero ofrece un programa para el grupo para los tres meses siguientes. Cada miembro tiene señalados los días en los que se le permite ausentarse. Por tanto, una ojeada a la curva es suficiente para poder decirle al operario de la máquina si, como consecuencia de su ausencia el 14 de mayo, la curva de personal en el trabajo caerá por debajo de un nivel aceptable.

El operario de la máquina no se sentirá feliz cuando se encuentre con esta dificultad, pero percibirá la situación de forma diferente. No es que el supervisor rehuse, sino que la situación crea una necesidad. Hay reglas, que son las mismas para todos. Además, las reglas se muestran. Cada uno conoce el nivel normal de la fuerza laboral y puede ver consultando la curva de producción que es más difícil para el grupo funcionar por debajo de cierto nivel. «Veo que si dejo que el grupo disminuya, nuestros niveles de rendimiento para este mes caerán en números rojos», piensa el operario.

Dos percepciones de la realidad

Estos tres simples ejemplos de la comunicación de cada día —un retraso de la producción, un problema de calidad y la denegación de una solicitud de ausencia del trabajo— se han contrastado para mostrar las características específicas de la comunicación visual. En cada caso, el mensaje es el mismo, pero las percepciones son diferentes. Si se nos pregunta definir simplemente la naturaleza de la diferencia, podemos emplear palabras tales como «objetividad», «realidad» y «participación».

La comunicación visual ofrece a los grupos de personas percepciones más precisas de la realidad.

COMUNICACION CON UNA PERSPECTIVA COMPARTIDA

Los gráficos examinados son grandes, por una razón: deben ser visibles a distancia.

Figura 1-3. Dos plantas, dos modos de comunicación.

Mientras en un lugar de trabajo convencional el operario de la prensa de 550 toneladas puede ser la única persona a la que se informa sobre un retraso con las tapas beige, en un lugar de trabajo visual cada uno es consciente de los problemas que experimenta el departamento de ensamble. Similarmente, una solicitud de un día de ausencia constituye información personal en un área de trabajo convencional, mientras en un área visual la solicitud individual forma parte de la información que necesita todo el grupo.

El aspecto distintivo de la comunicación visual es su enfoque hacia el grupo, no justamente hacia un individuo. Las consecuencias de este punto son tan importantes que merecen enfatizarse.

La palabra «grupo» tiene que definirse más precisamente, porque un grupo es uno de los aspectos que constituye la originalidad de la comunicación con una perspectiva compartida. Participar siempre implica un grupo abierto.

El concepto de grupo abierto de receptores se deriva de la naturaleza del medio visual. Un mensaje visual no se restringe a un grupo de individuos identificados precisamente o especialistas, o a un nivel particular de la jerarquía. Un mensaje visual se observa por cada uno de los que trabajan en un área dada, cada uno de los que pasan por el área, e incluso cada uno que se encuentra en el alcance de la visibilidad.

Sin embargo, para ganar un verdadero acceso a un mensaje, la observación no es suficiente. Debe también entenderse el significado. No obstante, la comprensión no está limitada por las posiciones jerárquicas o por las capacidades especializadas, sino por la pertenencia a una comunidad cultural específica. Esta es una de las diferencias fundamentales de la comunicación visual en relación con la comunicación tradicional. La meta en las fábricas visuales es ampliar esta comunidad para aumentar la gama de información al mayor número de personas.

Son claras las ventajas de esta forma de expansión. Asumamos, por ejemplo, que un técnico de mantenimiento es responsable de los procedimientos de mantenimiento preventivo en un área de trabajo visual. Está allí para prestar asistencia. En un sentido jerárquico, no está bajo la autoridad del supervisor del área. Sin embargo, no hay nada que evite que lea la información contenida en el conjunto de planes del área.

El técnico de mantenimiento puede ver el programa y las cantidades que se están produciendo y echar una ojeada a las tasas estándares expuestas en la lista de datos situada cerca de la máquina. Después de realizar unos rápidos cálculos, el técnico dice a sus compañeros: «No os esforcéis demasiado. Nunca alcanzaréis vuestras metas de ese modo. ¿Porqué no montáis el troquel de las tapas en la unidad de 850 toneladas que opera dos veces más rápido? ¿Es eso un problema? ¿No valdrán las fijaciones? No os preocupéis por ello. Instalaré inmediatamente una pieza de conexión, y las 650 tapas estarán listas para mañana.»

¿Es ambiciosa la meta? Por supuesto. Además, es fácil anticipar que surgen obstáculos en plantas en las que prevalece el misterio sobre la información, o en organizaciones donde algunas personas son propietarias recelosas de sus conocimientos.

Si intentamos establecer la comunicación visual en una compañía con una jerarquía rígida y estructuras impermeables, en un contexto en el que un director es alguien que posee conocimientos que faltan a los demás, y donde la información continúa siendo una clave de la autoridad, estamos abocados al fracaso.

La comunicación visual es, por encima de todo, una cuestión de cultura de compañía, una cultura en la que el principio esencial es la participación. En consecuencia, no es accidental que las organizaciones que se adhieren a la comunicación con una perspectiva compartida también promueven otras formas de participación: del espacio (grupos de trabajo, movilidad), de tareas y responsabilidades (enriquecimiento del trabajo, participación en el progreso, decisiones por consenso), y de valores (aceptación de los propósitos de la compañía y de su identidad cultural).

MENSAJES AUTOSERVIDOS

En cada visita a lugares de trabajo convencionales, recibo una acogida afectuosa del director. Le hablo al director sobre las plantas visuales. El director muestra algunos medios visuales —tableros de información, documentación visual y el último tipo de tableros electrónicos. Técnicamente, esta planta parece ahora un lugar de trabajo visual.

Para observar si la nueva forma de comunicación ha rendido los frutos anticipados, me aproximo a las máquinas y escucho algunos cándidos comentarios. Hablemos con el operario de la prensa de 550 toneladas «650 paneles para el viernes por la tarde. ¡El personal de programación sigue confundiendo los sueños con la realidad! Hago lo que puedo. De hecho, permítame decirle algo. Indicar las cantidades a producir no es mala idea. No es nada descabellado —desde su punto de vista. ¡Pueden hacer incluso más presión, mientras a todos nosotros nos duele la cabeza!»

Ahora, miremos el gráfico que presenta los indicadores del área de trabajo. Un maquinista señala su punto de vista: «Hace aproximadamente dos meses que se colocaron esos tableros. ¿Qué hay de nuevo? OK, los directores visitan nuestras áreas de trabajo más a menudo. Miran las curvas. Así es como pueden verificar más fácilmente nuestros errores. Esos gráficos les permiten ver si mentanemos el ritmo. Y los gráficos de allí muestran si empleamos demasiado aceite y si estamos ausentes más de lo debido.»

Por último, nos acercamos a la salida. Allí, podemos ver que los directores de la planta lo han hecho bien. Un poster colorista está montado en una elegante carcasa. Empieza: «Como empleados que estamos orgullosos de trabajar para la compañía X, afirmamos que nuestra meta es la satisfacción del cliente», y continúa citando las ventajas de los esfuerzos de grupo, la lealtad mutua, etcétera.

Los orgullosos empleados de la compañía X dicen: «Oh, sí. Colocaron este poster un día cuando el presidente del consejo visitó la planta con algunos clientes japoneses.»

Receptores indeterminados

¿Descorazonado por los resultados? Sin embargo, el análisis de este fallo particular brinda una observación importante: cuando se transmite un mensaje visual, nunca se puede estar seguro de que alcanzará al receptor pretendido. Un individuo puede no recibir un mensaje que se pretende sea para un grupo abierto cuando el mensaje, por definición, no se destina personalmente.

¿Ha sido alguien alguna vez capaz de forzar a otro a interesarse en una muestra de curvas gráficas? ¿Ha sido alguien capaz alguna vez de forzar a los operarios de máquinas a echar una mirada rápida al suministro de piezas para determinar si la cantidad está a punto de caer por debajo del nivel de alarma? ¿Ha sido alguien capaz alguna vez de obligar a los operarios a informar al departamento de mantenimiento que un compresor está vibrando anormalmente, si los operarios creen que este elemento no está explícitamente incluido dentro del perfil de sus responsabilidades?

La dificultad es fácilmente reconocible. Es un componente integral de la esencia de la comunicación visual, del esfuerzo para promover la expansión sistemática del grupo de receptores. Cuando las personas no están personalmente involucradas, pueden siempre pensar que la información se refiere a sus colegas, supervisores, personal de control de calidad, técnicos, o directivos y que no hay mensajes que le afecten directamente.

Mensajes en busca de autor

Es instructiva la situación en la que la compañía muestra su declaración corporativa. Publicando este texto —y utilizando el plural «nosotros»— la dirección de la compañía nutre la vaga esperanza de que los empleados sentirán que el documento se dirige a ellos. Una esperanza perdida —el mensaje se percibe como un discurso para todo el ancho mundo. La publicación no logra absolutamente nada. Más efectivo —o al menos, menos ambiguo— hubiese sido distribuir un memorándum oficial.

Consideremos otro ejemplo. El supervisor de la unidad ha escrito un número sobre el tablero de boletines: «650 paneles para las 12:00 del viernes.» Para determinar la eficacia de este procedimiento debemos preguntar: «¿Se movilizará el grupo para lograr esta meta?»

La respuesta reposa en una condición esencial: para que el grupo se movilice, cada miembro, viendo la cantidad indicada, debe estar convencido de que habría podido emplear el rotulador para escribir la misma meta en el tablero. Cada uno debe ser capaz de decir: «Este es nuestro objetivo.»

El supervisor es el autor del mensaje cuando registra el objetivo. Sin embargo, en el mismo momento, el supervisor debe cesar de ser el autor. Si ha estado inclinado a escribir este objetivo de producción como una orden —apropiándose personalmente el espacio visual sin respetar sus leyes— habría sido más eficaz emitir una directiva.

En otras palabras, si la cantidad que se indica no se decide por consenso previo —un proceso examinado en el capítulo 4— no tiene lugar la comunicación visual. Más bien, se produce una comunicación convencional por medio de anuncios públicos. El mismo fenómeno se da en las listas de datos técnicos colocados cerca de las máquinas. Están verdaderamente incluidas dentro del espacio visual —cesando entonces de representar las ideas del supervisor— sólo cuando cualquiera, después de leer una lista de datos técnicos, es capaz de imaginarse a sí mismo como su autor.

El principio de autoservicio

Los problemas de los receptores indeterminados y los mensajes en busca de autor muestran claramente que la comunicación visual es distintiva, puesto que se basa en un cambiuo fundamental en la relación entre el personal y la información, de hecho, en una reversión.

La comunicación visual está también en conflicto en el siguiente aspecto con la comunicación tradicional: siempre depende de nuestras intenciones y deseos. No somos nunca los receptores *pretendidos* de los mensajes visuales; *resultamos* receptores de los mensajes que aceptamos.

La comunicación visual se basa en la intención. Trabaja cuando se desea ser un receptor.

Recientemente, muchas plantas han aceptado una nueva forma de gestión de producción. Los japoneses la denominan gestión por autoservicio. Un proceso pide a un proceso previo las piezas que necesita o envía un ticket *kanban,* que realiza la misma tarea. Estas técnicas de control visual de la producción, incluyendo los tickets *kanban,* se examinan en el capítulo 4. Un operario de máquina selecciona los componentes necesarios del área de almacenaje del lugar de trabajo.

La comunicación visual asume el mismo principio: comunicación en autoservicio. Por ejemplo, las máquinas con luces de aviso destelleantes, fotografías que ofrecen recomendaciones para evitar errores, una propuesta de mejora indicada en un gráfico de progreso de un grupo vecino —estos elementos están disponibles para satisfacer las necesidades de cada trabajador. Los mensajes se reciben según que los lectores se perciban o no a sí mismos como clientes de la información. Si ninguno presta atención al mensaje, debe retirarse de la circulación después de algún tiempo.

Definir a los receptores de los mensajes visuales como clientes —personas libres de recibir o no la información puede parecer ligeramente exagerado. En algunos casos, tales como las instrucciones de seguridad, el espacio de discusión es limitado, pero el concepto es el mismo. La información visual debe satisfacer necesidades. El cliente de la información, no es suministrador, es quien controla la comunicación visual.

Por tanto, no es coincidencia que el desarrollo de un nuevo medio visual tenga un parecido sensible con una campaña de marketing. En algunas plantas, los directores de proyecto que trabajan en sistemas de exposición visual hablan de investigar las necesidades, realizar tests, campañas introductorias, y esfuerzos promocionales. El empleo de este tipo de lenguaje es extremadamente revelador.

Un entorno organizado como propiedad pública

La imagen de un autoservicio ofrece la orientación correcta. Esto lo confirma la frase siguiente: la comunicación visual es el modo predominante de comunicación dentro de organizaciones que buscan reforzar la autonomía de los empleados.

Para algunas personas, la palabra «autonomía» evoca una imagen de retiro y aislamiento del resto de la organización. Sin embargo, cuando el concepto de autonomía se examina en este libro, no entran en el juego el aislamiento y retiro. En vez de ello, el énfasis se pone en la apertura, la expansión de los contactos y una mayor cohesión.

Además, no es accidental que los grupos de autogestión que surgieron en algunas compañías durante los años sesenta no hiciesen uso de la comunicación visual. La autonomía de estos grupos cerrados y autosuficientes se distinguía por un bajo nivel de interacción e integración con el resto de la planta. No era una necesidad urgente para ellos la comunicación con otros.

La autonomía asociada con la comunicación visual se orienta hacia el enriquecimiento de las relaciones, no a debilitarlas. Esta autonomía es análoga a la autonomía de los viajeros, que pueden desplazarse, interpretar entornos particularmente expresivos, y mantener relaciones con los habitantes que se encuentran de acuerdo con sus roles respectivos y la situación inmediata. Augustin Berque[1], al evocar la habilidad individual para interactuar con el medio, emplea el término «alonomía», y muestra que esta forma de autonomía está ampliamente difundida en Japón.

La analogía del viajero explica porqué la fábrica visual se parece tanto a un espacio urbanizado. Conforme pasamos a través de las áreas de trabajo, a veces tenemos la impresión de movernos por una ciudad, o conducir por una calle pública. Respetar las reglas de circulación, comprobar el horario en un reloj público, tomar un tren en una estación de ferrocarril, pasear por las áreas abiertas de una exposición, conducir un vehículo alquilado, visitar

---

[1] Augustin Berque, «Vivre l'espace au Japon», *Presses Universitaires de France.* París, 1982.

un centro de autoservicio, o consultar un catálogo en casa: todas estas acciones se asemejan a actividades realizadas hoy en las fábricas visuales.

Ha terminado una era. Las fábricas feudales han quedado atrás. En las plantas de mañana, el espacio se organizará como una propiedad pública[2].

COMUNICACION CON VISIBILIDAD TOTAL

Comparado con un lugar de trabajo convencional, en un lugar de trabajo visual los mensajes son más convincentes, más objetivos y más cercanos a la realidad. ¿Qué mecanismos cuentan para esta calidad? ¿Es meramente la presencia de objetos físicos?

En lenguaje ordinario, a menudo decimos: «Tienes que verlo para creerlo». Cuando una persona dice: «Se ve claramente», está expresando la idea de que está implicada la realidad. Aparte de los objetos físicos —maquinaria o piezas— que pueden observarse en un área de trabajo, ciertos mensajes abstractos se contemplan también como más reales cuando se expresan visualmente. ¿Porqué parece más real una curva que se exhibe en un gráfico que un memorándum departamental?

Para responder a esta cuestión, debemos volver al lugar de trabajo convencional. Desde nuestra última visita, la dirección ha intentado hacer que las comunicaciones sean más objetivas y

---

[2] Las expresiones «fábrica feudal» y «propiedad pública» no se utilizan injustificadamente. El auge de las fábricas visuales señala el abandono de un sistema en el que la autoridad se basa en la acumulación de información y en el derecho absoluto de la jerarquía para establecer leyes (en la forma de métodos, reglas y objetivos). La fábrica visual es un modo de organización en el que la información se comparte y donde los métodos, reglas y objetivos se desarrollan a través de un proceso basado en el consenso. Esta transformación es similar al proceso que contribuyó históricamente al auge del estado moderno. Más específicamente, en la situación bajo examen, el proceso conduce últimamente a la aparición de un dominio público definido como localizaciones en las que, como expresaba Kant, «el consenso público de las personas razonadoras» pueda existir. Consúltese Jürgen Habermas, *L' Espace public*, Editions Payot. París, 1978; y Louis Quéré, *Des miroirs equivoques*, Editions Aubier. París, 1982.

no otra forma de control. Los nuevos mensajes no transmiten sino hechos.

La siguiente información aparece en un gran panel iluminado: «La prensa de 550 toneladas está retrasada en su programa respecto a los paneles beige.» «Informe del último mes del Departamento de control de calidad: la unidad de ensamble recibió 60 cubiertas defectuosas.» «Solicitud de ausencia para el 14 de mayo no aprobada: falta de personal.»

Ha habido progreso, aunque la fábrica difiere aún de un lugar de trabajo visual. En un lugar de trabajo convencional los mensajes se tratan de forma aislada; se difunden pobremente, como si se esperase que sean suficientes por sí mismos. Por otra parte, en un lugar de trabajo visual, los mensajes se sitúan sistemáticamente en un contexto más amplio y tangible.

Decir: «La prensa de 550 toneladas va por detrás del programa» es una cosa; ofrecer una indicación visual continua del estatus de las cantidades producidas en relación con un compromiso, es otra. Decir: «La unidad de ensamble recibió 60 cubiertas defectuosas» es una cosa; ganar familiaridad día a día con los problemas del cliente —visitándole cuando es necesario— es otra. Decir: «Solicitud de ausencia para el 14 de mayo no aprobada: falta de personal» es una cosa; mostrar un programa de ausencias establecido según los principios de planificación de personal aprobados por el grupo es otra.

Aunque podamos estar tentados a creer que un lugar de trabajo visual disemina más mensajes que un lugar de trabajo convencional, el concepto de un incremento cuantitativo es en sí erróneo. La diferencia no procede de la cantidad (diez paneles iluminados que diseminan solamente cierta clase de mensajes no pueden cambiar nada). Un cambio completo de orientación separa los dos modos de comunicación. En la comunicación convencional, la información se transmite. En la comunicación visual no se transmite nada: se crea un campo de información y se organiza el acceso de los empleados a este campo.

En otras palabras, un taller convencional dotado de un tablero electrónico puede emitir unos pocos mensajes. Mientras un lugar de trabajo convencional retiene el concepto de canales jerárquicos a traves de los cuales fluyen los mensajes definidos como «relevantes», un lugar de trabajo visual está dotado con una estructura de comunicación cuya naturaleza es permitir que se vea todo lo que tenga significado y proveer significado para todo lo que puede verse.

Por esta razón, en un lugar de trabajo visual la idea de comunicación «ascendente», «descendente» o «lateral» no tienen sentido. Los mensajes dejan de fluir. Se registran en espacios específicos. Los canales de información se reemplazan por campos de información. El punto en el que la comunicación es totalmente visible y transmite mensajes neutrales es cuando la comunicación visual resulta capaz de convertir el espacio visual en una imagen representativa de la realidad. No hay margen para la duda. En una fábrica visual, el espacio habla.

Vuelta a la tierra

Hay dos consecuencias del compromiso con la visibilidad total. Primera, la comunicación visual permite que todo lo que tenga significado para una actividad dada sea observable directamente en cada área afectada. De aquí, la abundancia de información que caracteriza a los lugares de trabajo visuales.

¿Ha definido el grupo un objetivo de productividad? Entonces el objetivo debe estar visible. ¿Es responsable de la calidad el personal operativo? Entonces la calidad debe estar visible. ¿Deben seguirse instrucciones precisas de trabajo? Entonces las instrucciones deben estar visibles. ¿Ha desarrollado ideas un círculo de calidad? Entonces las ideas deben estar visibles. ¿Está satisfecho el cliente? También entonces esta satisfacción debe estar visible. Si la comunicación visual es una situación de autoservicio, entonces es necesario que los canales estén apropiadamente suministrados. De aquí la excepcional diversidad de temas y mensajes visuales que actúan en una instalación visual.

La segunda consecuencia se deriva de un concepto opuesto. Si todo lo que puede verse dentro de un área está dotado por naturaleza con un significado específico desde el punto de vista del observador, es difícil negar la evidencia visible. El polvo que cubre los palets es un indicador para evaluar el stock tan válido como un coeficiente de rotación de los inventarios. La observación de las averías recurrentes en ciertas máquinas resulta tan pertinente para determinar la rentabilidad financiera como los ratios de activos fijos de un balance. Los artículos defectuosos ignorados en la parte de atrás de un edificio ofrecen una convincente refutación de las proclamas líricas incluidas en una declaración reciente sobre la calidad total emitida por la dirección de la compañía.

Es importante entenderlo. Para los directores que tradicionalmente han tratado exclusivamente con abstracciones, empezar a seguir la ruta de la visibilidad es aceptar el principio de la vuelta a la realidad.

UN NUEVO PAPEL PARA LA JERARQUIA

La comunicación institucional en las fábricas convencionales se ha desarrollado de acuerdo con el principio de congruencia entre el sistema de comunicación y el gráfico de organización. La comunicación visual propone otra pauta —un campo visual en el que la red de intercambio de información está separada de la red de emisión de órdenes.

Esta diferencia no significa que no vayan ya a ejecutarse más órdenes, ni que cierta información no deba continuar fluyendo a través de los canales jerárquicos, cuando las circunstancias justifiquen estos modos de comunicación. Para cualquier otra circunstancia, la estructura jerárquica debe perder su función como medio exclusivo en beneficio de un medio especial que pertenece al grupo entero de empleados, de forma que el entorno comunicativo es similar a un área pública enfocada a todos los ciudadanos.

Naturalmente, a muchos ejecutivos les atemoriza la idea de perder el control de la información. ¿Porqué ese temor? Si el propietario de un pequeño supermercado decide marcar islas sobre el suelo y proveer señales para orientar a sus clientes, o instalar muebles de exposición y etiquetar los productos, o instalar una balanza que emite automáticamente un ticket de precio para las frutas y verduras de forma que el establecimiento se convierte en autoservicio, ¿está abandonando su autoridad el detallista? ¿Cesa el detallista de poseer su almacén porque los clientes ganan autonomía en relación al entorno?

La comunicación visual cambia el *modo* de expresión adoptado por la autoridad jerárquica más bien que la *forma* de la autoridad en sí.

En los sistemas de comunicación visual tradicionales, el rol de los ejecutivos es conocerlo todo, centralizarlo todo y controlarlo todo. Pero, para asegurar una comunicación eficaz será necesario que procedan de forma diferente. Deben estimular el contacto entre miembros de diferentes equipos, crear la necesidad de información, desarrollar medios de adaptar señales visibles dentro de un área dada, y adoptar medidas para asegurar que el espacio visual será apoyado apropiadamente y accesible para todos los empleados. Las responsabilidades de la dirección se amplian. Ahora, es necesario crear áreas de comunicación y apoyarlas.

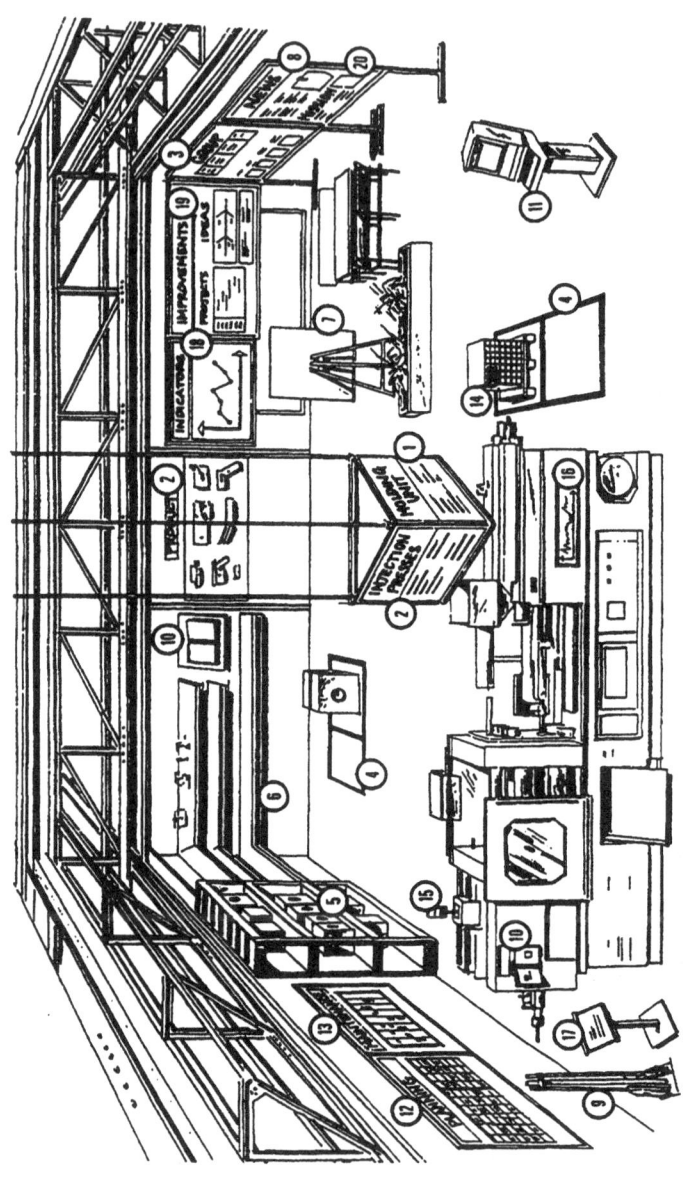

Sería algo paradójico hablar de comunicación visual sin apoyarse en una imagen. Esta es la razón para presentar un lugar de trabajo visual en la figura 1-4.

El lugar de trabajo ilustrado no es un arquetipo para las áreas visuales de trabajo, ni un ejemplo práctico a seguir literalmente. Cada compañía tiene sus propias restricciones y estructuras operativas. No hay razón para incluir automáticamente todo lo que aparece en este esquema dentro del espacio visual de una planta. A la inversa, otros elementos —u otras formas de presentación— pueden ser más apropiadas para ciertas situaciones. En esta panorámica, la intención es presentar temas de comunicación visual significativos que el libro analiza en detalle.

El territorio de un equipo
1. Identificación del territorio
2. Identificación de actividades, recursos y productos
3. Identificación del equipo
4. Marcas sobre el suelo
5. Marcas sobre herramientas y estantes
6. Area técnica
7. Areas de comunicación y descanso
8. Información e instrucciones
9. Limpieza

Documentación Visual
10. Instrucciones de fabricación y procedimientos técnicos

Control visual de la producción
11. Terminal de ordenador
12. Programa de producción.
13. Programa de mantenimiento
14. Identificación de stocks y trabajos en proceso

Control visual de la calidad
15. Señales para monitorización de máquinas
16. Control estadístico del proceso (SPC)
17. Registro de problemas

Exhibición de indicadores
18. Objetivos, resultados, y diferencias

Haciendo visible el proceso
19. Actividades de mejora
20. Proyecto y declaración de misión de la compañía

Figura 1-4. Un lugar de trabajo visual.

2
Un territorio para el equipo

La planta de Fichet Bauchet en Oustmarest, Francia, fabrica cerraduras y otros productos de seguridad tales como armarios blindados. El Sr. Dumollard, responsable de operaciones, hizo de guía durante mi visita.

«Las flores fueron lo que más me sorprendió», me confió cuando entrábamos en el área de ensamble de cerraduras. Continuó:

> Nuestra especialidad es el trabajo con el metal y el ensamble, actividades no muy limpias. Cuando llegué aquí la mañana de un lunes, sentí algo particular tan pronto como entré en el área de trabajo —un cambio en la atmósfera.
>
> Entonces miré a los estantes, y me asombró ver que los empleados habían puesto flores al lado de las piezas no ensambladas, que estaban perfectamente ordenadas. Justamente algunos tiestos con geranios rojos, que me hicieron pensar sobre las casas de nuestro país. Ya sabe, esas pequeñas casas blancas con techos de pizarra y flores en los balcones. La atmósfera era como un festival.

¿Porqué este cambio? ¿Porqué, en un momento dado, los empleados decidieron decorar su área de trabajo sin que se les hubiese pedido? ¿Cuál era el mensaje no hablado expresado con el lenguaje de las flores?

Dos semanas antes, la planta había cambiado se método de programación para conseguir una mejor organización. Anteriormente, las piezas se entregaban a la línea de ensamble de acuerdo con el ritmo de acabado de las mismas. Los contenedores llegaban al azar, creando un desorden casi incontrolable en el área de ensamble. Ahora, los trabajadores estaban empleando tickets kanban para indicar las necesidades actuales.[1]

El modo con el que la planta funcionaba previamente —con flujos de material empujados hacia adelante sin ningún miramiento por las necesidades actuales de la unidad de ensamble— había impedido indudablemente que los empleados se sintiesen como en casa en la propia planta. ¿Qué diría si un almacén le entregase sus compras por anticipado a lo programado, proclamando que sus camiones de reparto estaban libres el día tal?

El ejemplo de Fichet Bauche muestra que cuando los empleados consiguen algún control sobre su entorno, o cuando empiezan a sentir que están en una «casa lejos de su casa», como he oído decir a algunas personas en una planta americana, comienzan a organizar su entorno visual. Hoy flores, más adelante, algunos paneles con instrucciones de trabajo y fotografías explicativas, quizá, y más tarde, gráficos de rendimiento.

UN ESPACIO HABITABLE

Un modo visual de organización no puede desarrollarse si los empleados no son libres para adaptar el espacio circundante. Mantener los compromisos y resultados que se muestran en las áreas de trabajo (objetivos de calidad, programas de producción, instrucciones de inspección, indicadores de rendimiento) requiere una relación estrecha, familiar con la instalación en la que apare-

---

[1] El sistema previo de la planta de Fichet Bauche era un método de flujo «push», que intenta maximizar la actividad instantánes de cada localización de trabajo. El nuevo sistema es un método de flujo «pull», que permite la mejora de las condiciones generales (flexibilidad, fiabilidad de las entregas, productividad global). Bajo la influencia de la industria japonesa, muchas fábricas occidentales están adoptando este método de operación. La transformación requiere cambios extensos, tanto técnicos como culturales.

cen los mensajes. Para desear expresarse en un entorno, las personas deben sentirse como en casa.

Mis observaciones en fábricas confirman este punto. La comunicación visual no puede desarrollarse en ausencia de un modo de organización que ofrezca a los empleados un espacio que puedan tratar como suyo. Este espacio es un «territorio».

El territorio es un entorno identificado asignado a un proceso de producción, donde uno o más equipos desarrollan sus actividades[2]. Las condiciones que hacen que un contorno dado sea un territorio habitable se describen a lo largo del resto del libro. Una condición que merece énfasis es que el equipo de producción esté sistemáticamente implicado en las decisiones concernientes a la organización del espacio.

Sea el asunto colocar un gráfico en un panel, crear una nueva área de almacenaje, controlar los flujos de producción (como en el caso de Fichet Bauche), o cambiar las posiciones de las máquinas, la regla de oro de la organización visual es asegurar la participación de las personas que usan una localización dada.

TERRITORIO DE UN EQUIPO

La figura 1-4 muestra solamente una máquina y a nadie trabajando. Añadamos unas pocas personas y pensemos que la máquina representa varias máquinas. Pero, ¿cuántas personas y cuántas máquinas? ¿Ilustra la figura un área de trabajo extremadamente grande para trescientas personas, o un área de trabajo para dos o tres empleados, o una pequeña unidad con doce miembros?

---

[2] Cuando el trabajo se hace por equipos asignados (turnos de mañana y tarde, por ejemplo), algunos grupos pueden compartir el mismo territorio. El mismo panel puede contener información dirigida a varios equipos. Las distinciones entre equipos se muestran con diferentes colores. De acuerdo con el Director de producción de la planta de Valeo cercana a Le Mans, Francis, esta situación no entraña problemas específicos: «Cada equipo comparte recursos justo como socios propietarios de un barco de vela. La meta importante es que el mantenimiento del barco se haga de acuerdo con las reglas.»

Son importantes las respuestas a estas cuestiones, porque la receptividad hacia la información depende de la identificación individual con el nivel particular de la organización. No se reacciona de la misma forma a resultados individuales que a tableros colocados en la entrada principal de la planta que muestran los resultados de la compañía.

La comunicación visual organiza la información de acuerdo a varios niveles, desde estaciones de trabajo individuales al conjunto de la fábrica o empresa, mientras se incluyen secciones, talleres, o departamentos. No obstante, el nivel central para organizar la información es la unidad de trabajo básica o «equipo de producción». El tamaño varía de acuerdo con la tecnología específica, pero usualmente incluye de seis a veinte miembros.

La densidad más alta de los mensajes visuales se observa siempre al nivel del equipo de producción. La comunicación con una perspectiva compartida parece ser el modo preferido de expresión dentro de un equipo, y también entre equipos y el resto de la organización.

La comunicación visual depende de un proceso compartido; un equipo es el primer nivel de la organización donde se da la participación. La función precisa de un equipo es operar ciertas máquinas, lograr metas colectivas, e implicarse en el resultado. El territorio de un equipo es el lugar fundamental para la participación colectiva de la información visual. El territorio del equipo ocupa el rol de un canal básico en una red de comunicación convencional; es una unidad conectada a cada otra unidad, una conexión esencial en el sistema de intercambio de información.

¿Es entonces imposible, para una compañía que no ha adoptado una estructura de equipos de trabajo utilizar con eficacia la comunicación visual? La respuesta es condicional. Realmente, el concepto de equipo de trabajo permite múltiples interpretaciones. En algunos casos, el término pertenece a grupos cuyas actividades diarias son extremadamente autónomas. En otros casos, el equipo de trabajo sugiere reuniones semanales para permanecer advertidos de los problemas corrientes; en otros casos se refieren a los círculos de calidad o grupos de planificación multidisciplinarios.

Esta variedad de situaciones me impide dar una respuesta categórica. La intensidad de los intercambios de comunicación es más decisiva que el modo de organización. En una estructura tradicional, donde cada operario está aislado sin contacto directo con otros miembros del grupo, es difícil que sea efectivo un modo visual de comunicación. Para que prospere la comunicación visual, el territorio del equipo debe ser un área de interacción intensiva.

UN LUGAR DE REUNION

El término «territorio» evoca usualmente la idea de un área protegida, donde uno se retira ante un ataque, y donde es difícil el acceso para alguien que no pertenezca al mismo. Nada puede estar más lejos de la esencia de la comunicación totalmente visible que estar encerrado en el territorio de uno. Los mensajes visuales se pretende siempre que sean simultáneamente dirigidos para la comunicación interna y externa. Esta función dual —que puede implicar problemas intrincados de orden espacial sobre el punto en el que deben mostrarse los gráficos que contienen indicadores —es uno de los requerimientos para el éxito de la organización visual.

Cuando los mensajes se dirigen excesivamente hacia las necesidades internas del grupo más bien que hacia la comunicación externa, el grupo pronto contempla la «visualización oficial» como innecesaria. En este caso, parece ser más efectiva la interpretación informal de los indicadores o la comunicación verbal basada en los códigos internos del grupo.

A la inversa, si los mensajes son más útiles para las personas externas al grupo, el equipo perderá regularmente interés y cesará de contemplar los tableros o gráficos como sus instrumentos de trabajo.

El territorio visual se caracteriza por un cierto dualismo, existiendo simultáneamente como base para la cohesión del grupo y como nexo unificador con la organización. En un análisis final, el

territorio visual es una casa, pero una casa orientada hacia una ciudad. Los empleados de Fichet Bauche colocan flores en su lugar
de trabajo, como las personas decoran los porches de sus casas.

Un modo de organización que facilita la comunicación visual
es comparable a territorios que mezclan lo privado y lo público como los porches[3].

El hecho de que el territorio de un equipo pueda ser un área
que es al mismo tiempo abierta y cerrada tiene implicaciones prácticas para seleccionar localizaciones para los recursos visuales, La
colocación de ayudas visuales siempre expresa un lenguaje simbólico en un nivel secundario. Examinaremos este concepto en relación con dos ejemplos de plantas pertenecientes a las compañías Télémécanique y Valeo.

Un compromiso público

La planta de Télemécanique en Carros, Francia, emplea
200 personas. La planta produce robots programables así como
mecanismos electrónicos para la industria. La participación de los
empleados tiene aquí una tradición largamente establecida, como
en el resto del grupo de compañías Télemécanique. El modo de
organización se basa en el trabajo en pequeños grupos que son
responsables de sus resultados y progreso.

Conforme se entra en la planta, es claro que la comunicación
visual está altamente desarrollada. Instrucciones, programas, resultados y fotografías de realizaciones y progresos de los grupos
pueden verse en diversas áreas de trabajo.

Un programa de mantenimiento colocado sobre una máquina

---

[3] En su libro sobre el espacio en Japón (*Vivre l' espace au Japon*), Augustin
Berque destaca el papel de los límites en la organización de la compañía, con los
que «áreas, lindes y afinidades contextuales se enfatizan en contraste con nuestro enfoque, que enfatiza los puntos, líneas y continuaciones subsiguientes». Del
libro de Berque se concluye que —en conjunción con otros factores— la predi-
lección japonesa por la comunicación con posters puede explicarse por la existencia del espacio organizado con una lógica basada en superficies.

(Figura 2-1) se presenta como un calendario que muestra las fechas para el mantenimiento programado. Los operarios realizan ciertos procedimientos de mantenimiento de rutina, pero la mayoría del trabajo indicado en el calendario no forma parte de sus responsabilidades. Este trabajo se realiza por el departamento de mantenimiento.

El programa de mantenimiento estaba colocado en ese sitio por dos razones. La primera es una medida práctica: cada uno puede comprobar fácilmente las fechas programadas para parar el equipo para mantenimiento.

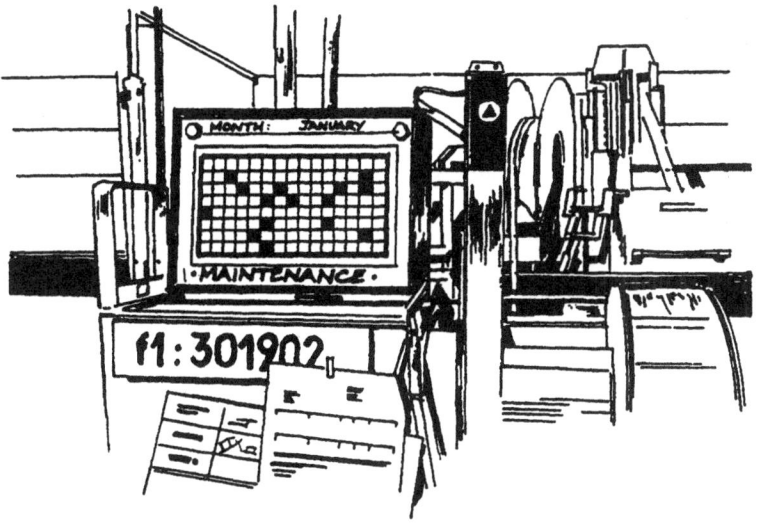

Figura 2-1. Planta de Télémécanique en Carros, Francia. Programa de mantenimiento instalado sobre una máquina.

La segunda razón es simbólica. Colocando el programa cerca de la máquina, la compañía está emitiendo un anuncio público: «El equipo de producción utiliza esta máquina cada día, y el mantenimiento se realiza por un departamento especializado que no se basa en este área de trabajo. Ambos departamentos son responsables de la operación apropiada de esta máquina. La única cosa que cuenta es que la máquina no esté desocupada». Para reforzar este mensaje no explícito, el programa que anteriormente se guardaba en un área técnica, ahora se coloca en puntos en los que cada uno puede verlos.

Para entender el simbolismo, le pregunté a un líder de equipo como percibía el personal de producción la presencia de un documento «perteneciente» a otro departamento dentro de su territorio: «Los operarios se encuentran regularmente con los técnicos delante de ese panel», contestó el líder del equipo. «Si el mantenimiento programado no tiene lugar dentro de la semana especificada, el operario se interesará y presionará sobre el retraso. Es como los conductores interesados en sus automóviles que intentan extraer promesas de los mecánicos para que hagan las cosas correctas en el momento apropiado.»

El significado simbólico aparece frecuentemente. Lo encontramos de nuevo en los programas de producción y los proyectos de mejora organizados por grupos multidisciplinarios. En una estructura visual diseñada apropiadamente, la visibilidad inmediata —o publicidad— de los objetivos otorga un endoso oficial a los compromisos de ambas partes.

Representando los hechos

La planta de Valeo cercana a Le Mans emplea a 900 personas y produce sistemas de control de temperatura para automóviles (acondicionadores de aire y calor). En años recientes, la planta ha puesto en práctica un plan coherente para implicar a toda la fuerza laboral en el funcionamiento de las áreas de trabajo. La planta está dividida en territorios conocidos como «Areas de producción autónomas». Los empleados están organizados de acuerdo con «Grupos autónomos de producción», con uno o más de ellos siguiendo sus actividades dentro de cada área autónoma. El resultado de estas medidas de reorganización ha sido un sorprendente aumento de la eficiencia.

La línea del gráfico de la figura 2-2 indica cambios en un indi-

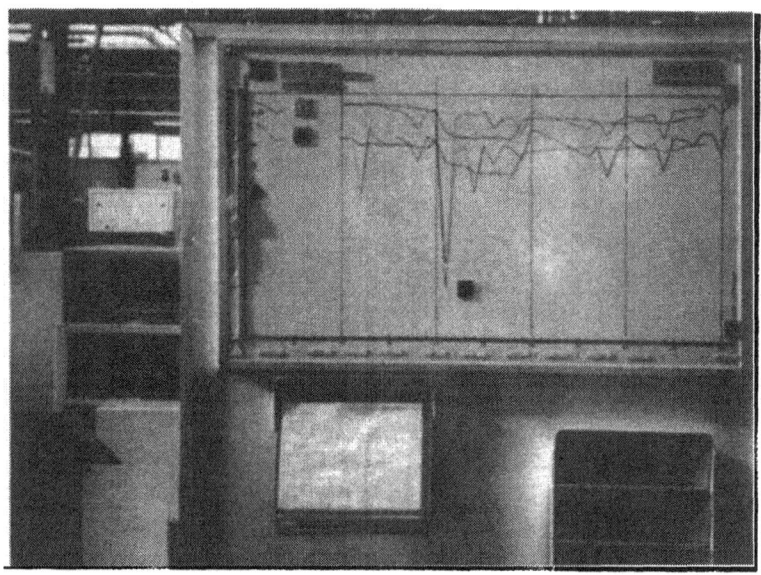

Figura 2-2. Planta de Valeo en la Suze-sur-Sarthe, Francia. Indicadores de rendimiento.

cador de calidad de la unidad en la que se producen radiadores. El gráfico está de frente a la ruta de paso principal, en vez de hacia el interior del territorio de la unidad.

Observando la forma de la línea, vemos una abrupta declinación al principio del segundo trimestre. Esta declinación representa un decrecimiento en la calidad. ¿Cuál es la actitud del equipo hacia este importante decrecimiento en el rendimiento abiertamente expuesto?

Si un gráfico como éste se mostrase en una planta en la que el suceso de una realización deficiente tuviese como primer reflejo la persecución de alguien a quien regañar, el grupo sentiría que está atrapado. Por un lado, la exhibición del gráfico y el indicador demuestra que el grupo acepta la responsabilidad del resultado. Por otro lado, el grupo es consciente —como lo es cada uno— de que en cualquier fábrica muy pocos resultados dependen exclusivamente de un individuo o un pequeño grupo.

Si la calidad ha declinado, es posible que el material tuviese demasiada humedad, o que la máquina estuviese deficientemente ajustada por un técnico, o que el departamento de control de calidad no hubiese calibrado apropiadamente sus instrumentos. Siempre que alguien recibe un ataque, las excusas se encuentran fácilmente.

¿Porqué, entonces, permite un equipo la exhibición pública de resultados desfavorables? ¿Porqué aprobar volver el rostro hacia afuera si con ello quizá se pierda prestigio como resultado?

Hay solamente una respuesta. La exhibición de los resultados en el escenario de las actividades juega un papel extremadamente preciso —la expresión de los hechos, sin apuntar con el dedo. Esta neutralidad es la que da su poder a la comunicación visual. La muestra de la información da a los departamentos una oportunidad para operar en respuesta a la realidad objetiva.

Este punto ofrece una perspectiva de conocimiento sobre la relación entre un equipo en un territorio dado y los gráficos colocados allí. El criterio de rendimiento expresado por los indicadores no pertenece al rendimiento del equipo. Se relaciona con el rendimiento de una unidad de producción controlada por el equipo. Esta distinción de sólo unas pocas palabras es enormemente importante. Cualesquiera sean los niveles de responsabilidad, cada persona que ha aceptado un compromiso (como en el caso del programa de mantenimiento de Télemécanique) o es responsable de un conjunto de resultados (indicadores de rendimiento de Valeo) debe sentir que los paneles expuestos en un territorio son su compromiso.

Un jefe de compras que pasa por delante de un tablero kanban debe poder decir, «Las condiciones han mejorado desde que entramos en asociación con la compañía D». Un técnico del departamento de investigación que vea una curva que indica rupturas, mostrada en el área de almacenaje de piezas, debe poder decir, «Las condiciones han mejorado desde que actualizamos nuestro sistema de clasificación». Un director de personal que vea un programa de mantenimiento que se ha mantenido perfectamente debe poder decir, «Las condiciones han mejorado desde que empezamos a facilitar formación».

Como en las carreras de Fórmula Uno, los mecánicos no están sentados detrás del volante. Sin embargo, durante la carrera, pasean nerviosamente de un lado al otro, esperando la victoria. Cuando pasan los automóviles, es como si los técnicos, en sus mentes, fuesen los conductores. Ver juntos es estar juntos.

Un área para la responsabilidad compartida

Durante largo tiempo, las compañías han estado organizadas con una rígida separación de responsabilidades. Los departamentos staff han encontrado difícil permitir que las unidades de producción interfiriesen sus funciones y, a la inversa, no estaban inclinados a implicarse en las funciones de las unidades de producción.

Esta situación está cambiando. En muchas fábricas, las unidades de producción están realizando actividades de mantenimiento, y los departamentos de mantenimiento se implican en la producción, a menudo confiando una porción de sus deberes a las unidades de producción. Por otra parte, también los departamentos staff están asumiendo una responsabilidad considerablemente mayor sobre el funcionamiento regular de las unidades de producción. Como resultado de estos solapes, tan lejanos del viejo modo de organización «cuida tu propio jardín», las personas están dejando de pensar en cuánto menos podrían hacer y empiezan a preguntarse cuánto más pueden hacer.

La presencia física de información es irreemplazable en el proceso de cubrir responsabilidades en el área de trabajo. Mientras que el personal en sus propias oficinas está normalmente concernido sólo con las responsabilidades derivadas de sus propias posiciones, surge una responsabilidad compartida para la información que se observa cuando varios miembros de una organización se reúnen delante del panel.

El territorio visual es un lugar de reunión. Dentro del teatro de operaciones y con la perspectiva plena de realidades concretas. las actitudes cambian. Cada uno asume el papel apropiado a la situación. Los productores se distancia ligeramente de sí mismos y se convierten en observadores. Los observadores (especialistas) se comprometen y hasta cierto punto se convierten en productores. Cesan los ataques y defensas de unos y otros. En vez de ello, hay esfuerzos conjuntos para encontrar soluciones, reemplazando las nubes amenazantes por el brillo del sol.

Resumen

1. El desarrollo de un modo visual de organización depende de la existencia de un territorio en el que los empleados tengan un sentimiento de copropiedad. Este lugar no es de propiedad exclusiva, sino que más bien muestra las características de la propiedad pública. Esta mezcla de implicación personal y acceso público es clave.

2. La comunicación personal se desarrolla en respuesta a la frecuencia de dos tipos de contactos: dentro de un pequeño grupo (en el territorio del equipo) y entre el grupo y el resto de la organización (esto es por lo que el territorio de un equipo debe ser un espacio abierto). La organización visual promueve la cohesión del equipo y su incorporación a la organización.

3. La posición de los mensajes visuales expresa un mensaje simbólico de dos caras:

   • La visibilidad de un mensaje dentro de un área de actividad implica compartir públicamente la responsabilidad por todos los miembros implicados en la actividad.

   • La muestra de mensajes dentro de un territorio dado asume la presunción de que los que realizan acciones son capaces de distanciarse a sí mismos de la información mostrada visualmente. Participantes y observadores deben ser capaces de aproximarse entre sí en un plano de igualdad, confrontando realidades objetivas que no acarrean reprobación.

La segunda parte de este capítulo explica algunos aspectos prácticos de la definición de un territorio —cómo identificar un territorio y cómo describir actividades y responsabilidades de un equipo— examinándose asimismo la importancia de preparar un área de comunicación y mantener el territorio limpio y bien organizado. La última parte de este capítulo revisa las ventajas ofrecidas por los visitantes de una fábrica visual.

IDENTIFICACION DE UN TERRITORIO

Para iniciar un proyecto de organización visual, el primer paso es identificar el territorio. Atribuyendo simbólicamente individualidad a un territorio, la compañía ofrece las condiciones necesarias para utilizar todos los recursos de comunicación que se describirán más adelante.

Para asegurar que la identificación de un territorio no lo aisla del resto de la organización, hay que evitar enclaustrar físicamente el área (a menos que lo requieran las condiciones técnicas). Una línea de ensamble en la planta de Renault en Sandouville, Francia, demuestra que es posible crear territorio visual sin condiciones extremadamente favorables (Figura 2-3).

Figura 2-3. Planta de Renault en Sandouville, Francia.

Las fronteras simbólicas son siempre preferibles a los enclaustramientos reales: un panel simple que cuelga del techo con el nombre de la sección y una descripción breve de sus actividades es suficiente para crear un territorio (Figura 2-4). Suelos pintados y estantes, decoraciones distintivas de las paredes, el posicionamiento de los gráficos, y la identificación de las áreas de reunión y comunicación son también medios apropiados para señalar un territorio.

El objetivo no es crear un trabajo artístico, sino permitir que el equipo sienta que está en un entorno similar a un hogar. Por tanto, los miembros del grupo deben ser responsables de seleccionar la decoración, aunque departamentos apropiados puedan asesorar y coordinar.

Figura 2-4. Identificación de una unidad de la línea de montaje en la planta de Renault en Sandouville, Francia. El tablero contiene los nombres de los supervisores de la unidad, así como breves descripciones de actividades (montaje de tubos debajo de los chasis, depósitos de gasolina, etc.).

En algunas compañías, un grupo de trabajo que representa a múltiples equipos se responsabiliza de la investigación de las diversas posibilidades, para ofrecer el estímulo inicial y mantener una cierta armonía de colores entre grupos. Como cada equipo puede tener su propio estilo, la identidad de la compañía podría destacarse utilizando un color particular o logo compartido.

Un ejemplo

Es instructivo el modo con el que se crearon los territorios a lo largo de la línea de ensamble de la planta de Renault en Sandouville. Una línea de ensamble de automóviles es una forma de organización verdaderamente poco apropiada —incluso resistente— a la división en subgrupos. Imagine una secuencia ininterrumpida de estaciones ensamblando vehículos a lo largo de una pista de quinientos metros. La división física de la línea parece inimaginable.

Con todo, la línea de la fábrica Renault se ha dividido simbólocamente en territorios. Cada territorio se ha asignado a un grupo de aproximadamente 20 trabajadores de ensamble, coordinados por un supervisor. En Sandouville, estos grupos se denominan «unidades». A dichas unidades se les asignan responsabilidades específicas de calidad, costes, formación del personal, organización de las estaciones de trabajo y participación de las mejoras.

La identidad de un territorio es fácilmente reconocible. Cada área está pintada con un color específico (suelo, accesorios, elementos del equipo) que le distingue de otras unidades.

Después de introducir en Sandouville esta nueva organización, los contactos dentro de cada grupo se reforzaron significativamente, y apareció la comunicación visual (Figura 2-3). Además del panel de información, el espacio de comunicación contiene un área de descanso y un área de reuniones así como diversos recursos que reflejan las actividades del grupo. Examinaremos estos recursos (un tablero para registrar y analizar problemas, un buzón de recogida de sugerencias, y similares) más adelante.

IDENTIFICACION DE LOCALIZACIONES

En algunas plantas, ni indicadores, ni puntos de referencia, o mapas ayudan a encontrar un punto. La impresión es la de una vieja fábrica en la que todos conocen por intuición la distribución. Cada uno es consciente de que el mecanizado se hace en la vieja forja, que los accesorios se guardan en el área de almacenaje superior, y que las planchas de metal se almacenan detrás de una gran isla.

Sin embargo, la experiencia enseña que el conocimiento nunca se comparte con tanta efectividad. Muchos trabajadores nuncan ponen sus pies fuera de su sección; ignoran los nombres o las funciones de otras áreas de trabajo.

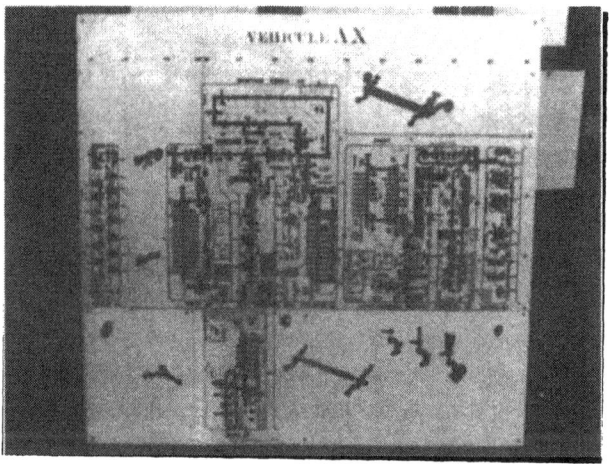

Figura 2-5. Mapa en la planta de Citroën, en Caen, Francia. Los planos de planta técnicos usualmente no son apropiados como mapas para la comunicación pública. Los mapas deben ser claros y atractivos. Esta planta, que fabrica componentes de conexión mecánicos, ha adoptado un mapa en el que las unidades de producción se representan por colores y las áreas de proceso se representan por dibujos de los principales productos fabricados en esas áreas. Otras plantas similares incluyen en sus mapas pautas de flujo físico, utilizando líneas de diferentes colores y fotografías de productos.

Cuando no son frecuentes los cambios de localización y el «layout» es estable, es innecesaria la identificación pública de las diversas áreas. Por otro lado, cuando una planta debe dar la bienvenida a nuevos trabajadores, o la distribución y las asignaciones de personal cambian frecuentemente, cada uno debe ser capazz de identificar fácilmente las localizaciones.

La ignorancia de la distribución de una planta es un handicap significativo cuando un empleado tiene que mover piezas o documentos personalmente, encontrarse con un cliente o asistir a una reunión. Algunos métodos descentralizados de control de la producción no pueden aplicarse en ausencia de un conjunto de señales perfectamente claras.

Es fácil implantar un proyecto de señalización siguiendo el ejemplo de nuestras ciudades. Técnicas tales como letreros de calles, mapas, identificación de monumentos, y el empleo de colores para diferenciar localizaciones de acuerdo con su naturaleza pueden transponerse sin adaptación especial a un entorno de fábrica para identificar stocks, áreas de almacenaje de herramientas, rutas de paso, etc. Muchas técnicas pueden ayudar a interpretar y entender el entorno y aumentar la movilidad de los empleados[4].

DESCRIPCION DE ACTIVIDADES, RECURSOS Y RESPONSABILIDADES

En ciertas fábricas, el número y variedad de paneles descriptivos produce a veces la impresión de una sala de exhibición pública, ¿Para quién son esas explicaciones concernientes a las máquinas, productos y tecnologías? ¿Se dirigen exclusivamente a los

---

[4] Los directores de producción se quejan a menudo de que a los trabajadores no les gusta cambiar las localizaciones del trabajo. Entre los muchos factores que dificultan la movilidad (clasificaciones, escalas de salario, etc.), están los que se derivan de la dificultad de orientarse en un entorno no familiar. Los viajeros que visitan con frecuencia hoteles internacionales son conscientes de este tema. La estancia en un contexto familiar, o al menos en un contexto fácil de interpretar, facilita grandemente cambiar la localización. La relación entre movilidad y comunicación se examinará en el capítulo 3.

visitantes? En la planta fabricante de ordenadores de Hewlett-Packard en Cupertino, California, un director ofreció una interesante respuesta:

> Nuestros paneles descriptivos tienen tres ventajas:
>
> - Primero, las consideraciones indispensables para nuevos miembros de la plantilla —sean de nueva contratación o desplazados de otro equipo— para que entiendan lo que hacen. No justamente el procedimiento, sino el proceso entero, la tecnología y el producto. Deben ser capaces de situar lo que hacen en relación con otros equipos aguas arriba y abajo de su sección. Apoyándose en los paneles, cualquier miembro de un equipo puede asumir la responsabilidad de informar rápidamente a una persona nueva. Además, ver los nombres de las máquinas y procedimientos por escrito ayuda a los recién llegados a aprender la terminología del grupo.
> - Segundo, los paneles facilitan las visitas. Apoyándose en las explicaciones visuales, cualquiera puede actuar como guía. Esto es conveniente y ahorra tiempo.
> - Tercero, exhibir información sobre las actividades de cada uno es un modo de proveer reconocimiento. Cuando otras personas comprenden el trabajo que hace, se suele sentir mucho más importante.

Como un emblema, la descripción de las actividades, recursos, y responsabilidades afirma la identidad y capacidad de las personas de un territorio dado.

Implicaciones prácticas

¿Qué clase de información debe presentarse? ¿Qué clase de medio debe utilizarse y con cuánto detalle? Las respuestas dependen de la compañía individual. Cada compañía posee su propio estilo de dirección, proyectos únicos y enfoques distintivos así como limitaciones de espacio.

Una presentación coherente usualmente incluye:

• Una descripción sucinta de actividades (Figura 2-6).
• Una identificación del equipo (Figura 2-13).
• Una descripción de características técnicas y económicas de recursos y procesos (Figuras 2-8, 2-9 y 2-10).

Algunas compañías van incluso más lejos. Preparan paneles de diagramas y fotografías que ilustran la tecnología apropiada y los métodos de fabricación. Otras ofrecen descripciones del entorno de negocios: la naturaleza del mercado, los principales clientes de la firma, y las naciones a las que se exporta. En plantas que tienen un sistema de control total de calidad, se pide a menudo a los equipos que definan las relaciones y obligaciones de servicio que les conectan con suministradores y clientes internos y externos (Figura 2-7).

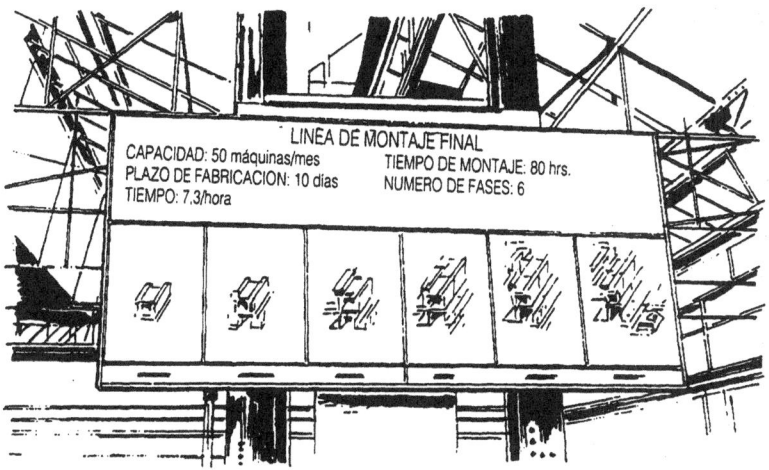

Figura 2-6. Explicación del proceso de fabricación sobre una máquina herramienta (panel de aproximadamente 12 piés). (Por legibilidad, sólo se reproducen en este esquema algunos de los 18 elementos descritos en el panel.

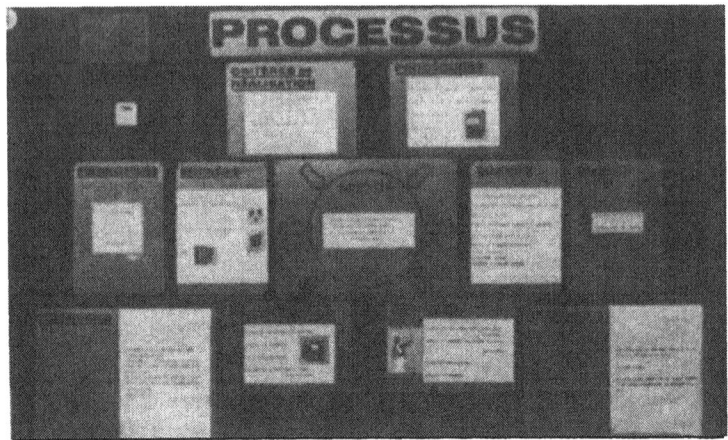

Figura 2-7. Panel en la planta de Bull en Angers, Francia. Panel creado por un equipo que muestra información sobre clientes, proveedores, procesos y mejoras.

Aprovechar oportunidades

Algunas compañías aprovechan la oportunidad de sucesos especiales para lanzar campañas utilizando letreros y paneles explicativos. Tales eventos pueden incluir días de puertas abiertas, el lanzamiento de nuevos programas, días de cero defectos, aniversarios de la inauguración de plantas, o de remodelación de edificios. Hay múltiples oportunidades para aumentar el impacto de un proyecto.

Una sugerencia final: tome fotografías del «antes y después» y móntelas en un panel. Si la apariencia actual de la planta ha cambiado, los resultados pueden causar una fuerte impresión.

EXHIBICION DE PRODUCTOS

Cada organización posee sus propios símbolos. En fábricas, en la mayoría de los casos uno ve solamente máquinas. Parece que proclaman: «¡Admírenos! ¡Somos las prensas más poderosas del

Figura 2-8. Gráfico de costes de operaciones en la planta de Renault en Sandouville. Los miembros de un equipo pidieron a un supervisor de sus unidades de ensamble que publicase las características de los recursos que tenían confiados, en cada posición. («Deseamos conocer el precio del equipo que manejamos».) Pequeños paneles (aproximadamente de 40 cm de ancho) se han colocado a lo largo de la línea de ensamble. En el panel para el operario de la máquina insertadora de tornillos aparece información diversa: designación del equipo, características técnicas de la máquina, su precio de compra, y costes de mantenimiento anual. Se han añadido otros números: el coste de los elementos de protección empleados por el operario, el coste de una hora de trabajo rehecho, y el coste de un día cuando ocurre un accidente en el lugar de trabajo.

mundo! ¡Somos los robots más avanzados!» ¿Porqué no exhibir también productos en las áreas de trabajo? Mejor que las máquinas, los productos representan los propósitos que unifican los diversos componentes de la compañía. Los productos simbolizan los esfuerzos de cada uno (Figura 2-11).

Si una planta fabrica productos intermedios, conecte estos componentes con el producto que hace con ellos el cliente. La compañía J. Reydel en Gondecourt, Francia, ha adoptado este enfoque (Figura 2-12). La firma ha considerado importante mostrar sus productos (instrumentos) en la forma en la que los monta

Figura 2-9. Planta de Citröen en Caen. Un estante instalado en un área de trabajo muestra varias fases del proceso de estampación en una línea de procesos transfer.

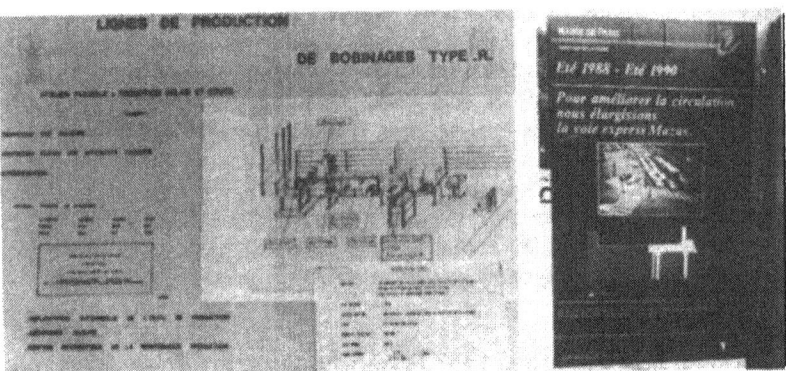

Figura 2-10. Paneles explicativos en la planta de Lannion, Francia, de la Société Anonyme de Télécommunications (fabricantes de electrónica y circuitos impresos). Cuando se aprueba un proyecto de instalación de máquina, se coloca un panel explicativo en la localización donde se colocará la máquina, con anticipación a la fecha de instalación. Esta idea es similar a las señales de los letreros de una ciudad que enuncian la naturaleza y duración de la construcción de un proyecto, para identificar la construcción que puede incomodar al público y que cambiará la naturaleza de la propiedad urbana. (El letrero de la derecha dice: «Oficina del Alcalde de París — Verano 1988 a Verano 1990. Para mejorar el flujo del tráfico estamos ensanchando la vía Mazas».)

Figura 2-11. Planta de Renault en Sandouville. Se exponen vehículos se-miacabados en la sección de chasis.

el cliente. Se han montado en el área de trabajo varios tableros: las personas pueden ver paneles de instrumentos así como fotografías y artículos de publicaciones sobre vehículos para los que se hacen estos instrumentos, de este modo, el cliente está presente simbólicamente en el lugar de trabajo.

IDENTIFICACION DEL EQUIPO

En una visita a la planta Greely, en Colorado, de Hewlett-Packard, entré en el área de trabajo de un grupo conocido ahora como «Pomponeety» (una combinación de los motes de los tres productos hechos en una línea de modelos mezclada). El director de primer nivel Sr. Parker me mostró orgullosamente el tablero de comunicaciones del equipo. El nombre de cada miembro y fotografía aparecerían debajo del nombre del equipo, con un párrafo corto que facilitaba información personál o familiar, tal como deportes y pasatiempos. Se mostraban también fotografías de

Figura 2-12. Planta de J. Reydel en Gondecourt, Francia. Paneles de exposición que muestran los productos tal y como se instalan por los clientes. En los paneles de derecha e izquierda, se muestran gráficos de indicadores de calidad.

eventos recientes: la puesta a punto de una nueva máquina, una fiesta para celebrar un hito de calidad, o un picnic familiar en las Montañas Rocosas.

Este enfoque personalizado puede aplicarse a cualquier industria. ¿Porqué el personal de oficinas tiene que tener su nombre en sus puertas mientras los trabajadores de fábrica permanecen anónimos? Puede que no sea tan fácil personalizar un área de fabricación como una oficina, pero con algún esfuerzo puede siempre encontrarse alguna solución. Por ejemplo, algunas fábricas encuentran que el problema de la movilidad de los empleados puede resolverse fácilmente adhiriendo fotografías a tarjetas magnéticas que los empleados llevan consigo cuando van a trabajar a otras secciones.

Definición de roles

En una planta que ha adoptado la organización basada en equipos, el mismo grupo básico puede tener frecuentes cambios de localización del trabajo. Cada uno es capaz de operar diferentes máquinas, manejar las funciones de control de calidad, realizar tareas técnicas y administrativas y participar en grupos de trabajo. En algunas plantas americanas, el líder del equipo emplea un plano de planta para ordenar tarjetas magnéticas con fotografías de cada miembro del equipo de acuerdo con sus responsabilidades en un día dado (Figura 2-13). Similarmente a un diagrama de los jugadores en un campo de fútbol, muestra quién juega en cada posición. Los roles están claramente definidos, y cuando los miembros están fuera de sus posiciones habituales, otros conocen inmediatamente dónde encontrarles.

Este tipo de descripción en dos dimensiones posee también un significado simbólico. Mientras las listas que se encuentran en las plantas son usualmentes enumeraciones, un gráfico muestra que

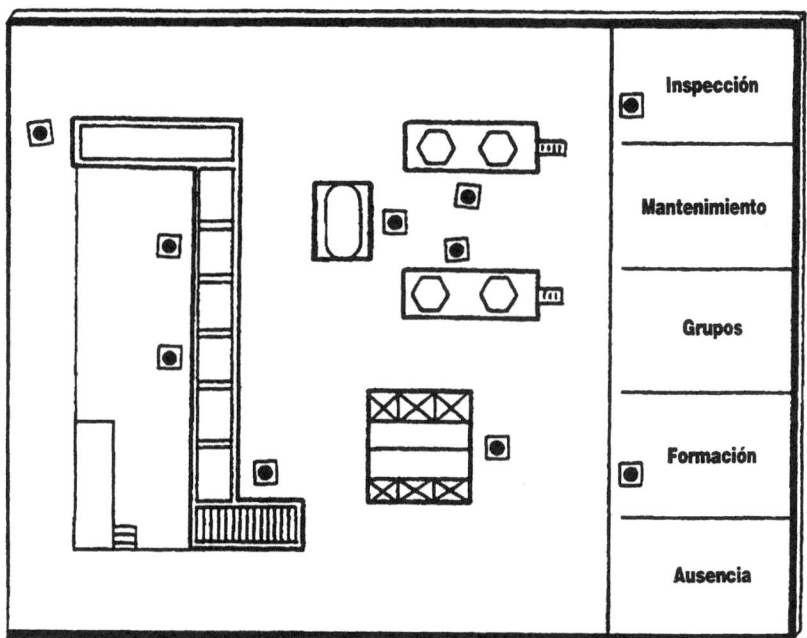

⌐•⌐ = fotografía sobre tarjeta magnética

Figura 2-13. Gráfico de distribución de personal mostrando la localización de los miembros del equipo en un día dado.

cada individuo está definido en términos de relaciones con otros y tiene la habilidad de cambiar de puesto, comunicar, observar y ofrecer asistencia. Las representaciones en dos dimensiones no sólo refuerzan la cohesión del grupo, sino también el objetivo de ser más móvil y versátil.

Dirección y organización de la fuerza laboral

En algunas compañías, se coloca información adicional sobre las actividades del equipo al lado del gráfico de identificación. Por ejemplo, puede encontrarse un gráfico de formación que lista las sesiones próximas, los nombres de los miembros que están recibiendo instrucción y las opiniones sobre las sesiones previas. En algunos casos, un gráfico que indica los niveles de formación de los miembros del equipo se monta al lado de este gráfico (Figura 6-5).

Otra información que puede mostrarse incluye un programa que indica las reuniones del equipo durante las próximas semanas o la información concerniente a eventos de otros grupos. Algunas plantas muestran también programas de fuerza laboral, lo que permite simultáneamente planificar las ausencias y registrar la presencia en el trabajo. En el capítulo 6 se describen ejemplos de estos programas.

PREPARACION DE UN AREA DE COMUNICACION

Al establecer un área de comunicación oficial, una compañía persigue dos objetivos. El primero es facilitar el trabajo del grupo. La mayoría de los mensajes pertenecientes al equipo, tales como información general, el estatus de los proyectos corrientes, o los indicadores de rendimiento pueden estar disponibles en una localización. Un análisis más detallado de la preparación de este tipo de panel se encuentra en los capítulos 6 y 7.

Segundo, el acto de marcar un área de comunicación explícita refuerza simbólicamente las nuevas responsabilidades de control para el equipo. Si la compañía intenta asegurar que el equipo mismo y otros miembros de la compañía reconozcan estas responsabilidades, no debe sentir temor de enfatizar estas indicaciones visuales.

Cuando por primera vez una compañía organiza reuniones tales como los círculos de calidad para operarios de máquinas, a menudo dichas reuniones tienen lugar en el área de oficinas. Sin embargo, si la planta no es extremadamente compacta, los participantes deben trasladarse hasta una sección no familiar de la planta lejos de sus lugares de trabajo habituales. Esta situación tampoco es práctica: los documentos necesarios y la información están en otra parte, y es difícil para los trabajadores volver rápidamente a sus lugares de trabajo a examinar circunstancias concretas o plantear cuestiones a alguien que no está en la reunión.

Por tanto, es preferible organizar un lugar de reunión dentro de un territorio dado o área de trabajo. En la planta de Citroën en Caen, Francia, dentro de la sección de producción se han marcado en rojo áreas para designar lugares de reunión y comunicación (Figura 2.14). En estos puntos tienen lugar frecuentes aunque breves reuniones; las reuniones prolongadas se mantienen en una sala especial.

Figura 2-14. Planta de Citroën en Caen.

Información general

Esta cabecera se refiere a las actividades de la compañía en sus conjunto o generales de la fábrica, principalmente información que usualmente se coloca en las entradas de las áreas de trabajo o se imprime en cartas a los empleados. Este libro no examinará en detalle el tema de la información general. Hay trabajos especializados sobre comunicación interna que describen los modos de preparar cartas de la compañía, realizar encuestas o distribuir informes a toda la fuerza laboral (véase bibliografía).

La inclusión de la información general dentro de un entramado de organización visual no presenta problemas significativos. Están disponibles tableros para colocar mensajes, así como recursos más eficaces tales como tableros electrónicos iluminados, terminales en las áreas de trabajo, y terminales de redes de información computerizada, todo lo cual permite una transmisión de información en tiempo real.

Para mantener la uniformidad con las características esenciales de la organización visual, es importante observar dos principios:

— No transmitir información sin determinar primero si realmente genera interés. La producción de información debe estar siempre precedida por el desarrollo de necesidades. Para verificar las necesidades un método es la orientación del auto-servicio (véase el ejemplo que sigue de Fleury Michon).

— Crear un sistema de información que sea directamente relevante. Desde el principio cada uno debe estar bien informado sobre el entorno inmediato. Es inútil hablar sobre la compañía en general si cada uno no sabe lo que sucede en su propia área de tabajo.

La publicidad en video de Fleury Michon

En Pouzages, Francia, la compañía Fleury Michon ha adoptado un formato de publicación en video que, de acuerdo con el director de comunicación de la firma, tiene un gran éxito. Informe del Sr. Petit:

> Una revista no se escribe para satisfacer a su staff editorial; se crea para interesar a los lectores. Medimos regularmente la audiencia. El último año, era el 37 por 100 de los trabajadores, y ha aumentado a un 50 por 100 este año. Sólo hay un modo de ganar el interés de las personas: centrarse estrictamente en sus intereses e inquietudes. Uno de los factores que están detrás del éxito de nuestra revista en video es que se produce por un antiguo trabajador que estaba profundamente interesado en la fotografía antes de recibir formación sobre video. Encuentra el lenguaje apropiado, las ideas que adquieren raíces, y un modo eficaz de presentar temas.
>
> Esta es una revista mensual, distribuida en régimen de autoservicio en un conjunto de televisión localizado cerca de los vestuarios —un área confortable dotada de sillas. Cada revista dura aproxima-

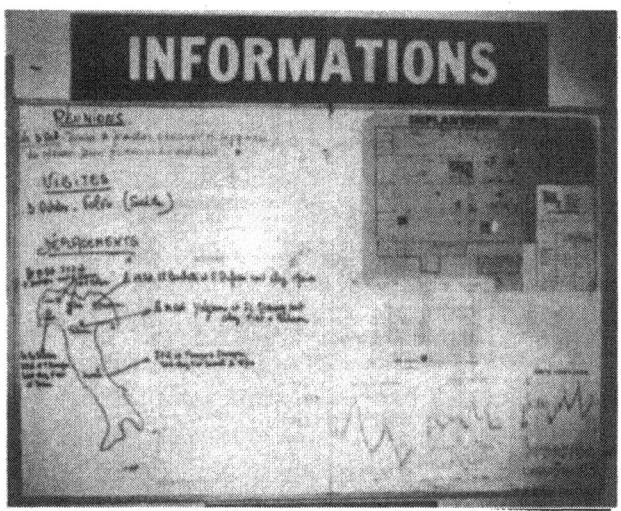

Figura 2-15. La planta Favi en Hallencourt, Francia. Este gráfico en una planta que produce artículos de aleaciones de cobre anuncia reuniones próximas y visitas de clientes. Un mapa de Italia indica visitas de vendedores de la firma. El plano de la planta en la sección superior derecha identifica máquinas recientemente dotadas con sistemas para el contro estadístico del proceso.

damente 20 minutos y tiene siempre tres segmentos. Uno consiste en una descripción de un departamento de la compañía. Otro sobre los intereses personales de los empleados, y éstos pueden aparecer ante la cámara explicando sus aficiones. El último segmento informa sobre un tópico general asociado con las actividades de la compañía, o con uno de sus proyectos. La narración la realiza un voluntario, una persona seleccionada para un mes particular.

Información viva

En Quebec, Canadá, en el área principal de trabajo de la planta Camoplast, que produce componentes plásticos para automóviles, un gran panel iluminado cuelga del techo. Muchas ciudades utilizan estos paneles para comunicar información pública a sus

Figura 2-16. La planta de Renault en Sandouville. Monitores de video en las áreas de trabajo introducen planes para nuevos modelos y comunican nuevos métodos o procedimientos. Una revista en video semanal permite a cada miembro de la fábrica conocer noticias sobre su departamento, así como información sobre el resto de la planta.

habitantes. Ahora, muchas plantas han adquirido paneles de esta clase. En Cosmoplast, es diferente la naturaleza de los mensajes transmitidos. Además de la información general, los empleados ven anuncios tales como: «El equipo de operación de prensas ha reducido el período de cambios de útiles de 32 minutos a 19», o «Ocho días sin paradas en la línea de cárteres». La compañía hace un esfuerzo significativo para transmitir directamente noticias relevantes.

MANTENER EL TERRITORIO LIMPIO Y ORDENADO

Esta es la historia de una planta transformada milagrosamente. En 1982, General Motors cerró su planta de Fremont, California, después de una acumulación de resultados desastrosos. En 1984, la planta se reabrió como New United Motor Manufacturing, Inc. (NUMMI)[5]. Alrededor del 80 por 100 de los trabajadores de nueva contratación habían sido anteriores empleados de GM. Actualmente esta planta emplea a 2.800 personas. Varios factores han conducido a una mejora espectacular en productividad y calidad. Los factores más prominentes incluyen un sistema de producción estilo JIT japonés y una movilización general de la fuerza de trabajo para lograr la calidad total. (El «just-in-time» o JIT es un principio logístico asociado a una organización que funciona con un mínimo de niveles de stocks.)

La planta NUMMI se mencionará de nuevo, porque confía en la comunicación visual con gran amplitud (como ocurre a menudo en las plantas influenciadas por el modelo japonés). La organización se basa enteramente en el concepto de equipo de trabajo. Grupos de cinco a diez miembros operan en las áreas de trabajo; el primer nivel de la jerarquía supervisa de tres a cinco equipos.

---

[5] NUMMI es una asociación establecida por Toyota Motor Company y General Motors en 1984. La planta produce modelos compactos para el mercado americano, inicialmente el Toyota Corola FX y el Chevrolet Nova, y actualmente el sedan Toyota Corola y el Geo Prizm de Chevrolet.

La gran área de la unidad de estampación, donde se sitúan las prensas, es impresionante por su orden y limpieza. Justo detrás de la entrada una impresionante hilera de escobas de diversos tamaños y formas se alinean en un estante brillantemente coloreado, como en una parada.

Esta planta está orgullosa de su tecnología (una de las líneas de prensas de estampación más modernas del mundo), pero no está menos orgullosa de su orden y limpieza.

Esto es un fenómeno reciente. No hace mucho, una planta de ruidosa actividad, desordenada y sucia, con áreas atestadas donde cada uno se desliza como puede, era contemplada como una planta próspera. Sin embargo, actualmente han cambiado las ideas. En las plantas americanas, se habla frecuentemente del orden y limpieza. Se otorga una alta estima a estas premisas. El orden y la limpieza ocupan ahora un alto rango en la escala de valores —al mismo nivel que la tecnología o la automatización.

El orden y la limpieza están estrechamente conectados con la comunicación visual. Entre los mensajes visuales, primero observamos los que nos sugieren los objetos que nos rodean. Si estos mensajes desafían nuestra comprensión, como en el caso de un área de trabajo en la que no se controla la posición de los objetos, desaparece parte de la red de comunicación. Esta situación existía en la planta Bauche de Fichet con el viejo método de manejo de las órdenes de producción.

Si un lugar de trabajo está sucio o caótico, el entorno transmite mensajes incomprensibles. ¿Porqué están las piezas acabadas en un área dispuesta para piezas no terminadas? ¿Porqué no se devuelven las herramientas a su localización después de reparadas? ¿Porqué no tiene un contenedor una etiqueta de aprobación? Como la corriente estática en una conexión telefónica deficiente, el desorden interfiere con cada nivel de comunicación visual.

En cada fábrica que se ha introducido un modo eficaz de comunicación visual, las áreas de trabajo están notablemente bien ordenadas y limpias. Por tanto, el primer paso en un proyecto de comunicación visual es reordenar el área de trabajo, repintar las máquinas y lavar los suelos.

Figura 2-17. Una vista de la sección de acabado de carburadores en la planta de Solex, en Evreux, Francia —un ejemplo de limpieza y orden industrial.

Cada uno es consciente de la limpieza. Después de reorganizar una planta con un gasto de millones de dólares y años de esfuerzo, el primer cambio que ven los que pasan sus días en el entorno es la limpieza.

Por supuesto, los clientes astutos no se dejan engañar. Durante las visitas a las plantas, una simple revisión evalúa la habilidad de la dirección para establecer reglas, asegurar su cumplimiento y cuidar de los detalles. Si en el suelo hay colillas de cigarrillos, los productos de la firma probablemente tienen algunos defectos que parecen poco importantes a las personas que acaban los productos.

Asignación completa del espacio

La asignación del espacio consiste en marcar las áreas y colorear las líneas sobre el suelo, etiquetar los estantes de almacenaje de útiles y herramientas, y designar cualesquiera localizaciones que puedan ser útiles para ordenar elementos. Cada metro cuadrado de suelo, cada sección y cada posición debe tener asignado un uso específico. El principio es simple: un lugar para cada cosa, y cada cosa en su lugar.

La asignación apropiada del espacio y el etiquetado facilitan que la codificación (mediante colores, fotografías, marcas de referencia, estantes de almacenaje) resulte un lenguaje simple accesible a cada uno y fácil de aplicar. Los trabajadores deben poder encontrar y ordenar los elementos sin asistencia, sin perturbar el orden del territorio. En el capítulo 4 examinaremos métodos de control de la producción y flujo de artículos que se basan enteramente en las marcas sobre el suelo.

La asignación del espacio exige una disciplina rigurosa, porque requiere anticipar todo lo que puede ocurrir en el territorio específico; si el flujo del trabajo en proceso no está bajo control es difícil asignar el espacio precisamente. La ventaja de este requerimiento es que, una vez que el espacio se ha distribuido, cualquier elemento sin sitio plantea un problema que exige solución inmediata. Es imposible colocar el elemento en una esquina y pretender que no existe. El sistema crea su propia función de mantenimiento.

Figura 2-18. Colocación de herramientas cerca de un grupo de máquinas en la planta de Solex en Evreux.

Figura 2-19. Un área de equipo técnico en la planta de Valeo cercana a Le Mans. La asunción de responsabilidades técnicas por los equipos de producción es relativamente reciente y no es aún un fenómeno convencional. Los departamentos técnicos no sienten la necesidad de probar que son responsables de mantener las máquinas —el gráfico de organización hace visible su función. Sin embargo. si se espera también que un equipo de producción se considere responsable de esta función, la planta debe enfatizar las señales simbólicas de la misma.

Cuando un equipo de producción recibe responsabilidades en un dominio técnico, incluso para desmontar un útil, ajustar una máquina, o lubricar un cierto mecanismo, debe preverse un área técnica y designarse como tal. El tamaño de este área es relativamente poco importante. Lo principal es establecer su identidad con un color o una distribución innovativa. Todos los elementos necesarios para los deberes técnicos del equipo —herramientas, documentación, instrucciones, informes de malfunciones, etc.— deben guardarse en este área.

ABRIR LA PLANTA A LOS VISITANTES

En plantas en las que raramente se permiten visitas en las áreas de trabajo o en las que se admiten de una forma tan encubierta que nadie sabe quiénes son, los empleados están afectados por el «síndrome del estudio vacío». Este síndrome es una forma de desaliento que sufren los equipos deportivos cuando juegan en un estadio sin espectadores. Es raramente grato realizar una actividad sin tener ocasionalmente espectadores. Sin audiencia el personal tiende a desanimarse y puede olvidar el propósito de sus actividades.

Una vez que una compañía desarrolla un modo de organización visual, las visitas a la planta se vuelven significativamente más beneficiosas. Los visitantes ganan una mejor comprensión de lo que ven, y los empleados empiezan a enorgullecerse de sus actividades.

En lugares tales como la planta de Bull en Angers, Francia, las visitas son un componente distintivo de la estrategia de mejora de la calidad. De acuerdo con el director de comunicación:

> Es importante para los empleados, técnicos, o ingenieros estar en contacto con visitantes. Ofreciendo oportunidades para describir sus actividades, promoviendo el diálogo con usuarios de ordenadores, o con suministradores de componentes, somos capaces de facilitar los contactos entre el sector de producción, el mercado y el entorno económico de la firma. Estas visitas refuerzan en todo el staff el sentimiento de trabajar para clientes situados dentro de un mercado dinámico.

Muchas plantas no gustan de proceder en esta dirección. No obstante, los positivos efectos de abrir las áreas de trabajo deben superar todos los temores: los espectadores deben entrar en el estadio.

CUATRO REGLAS PARA HACER MAS EFICACES Y RENTABLES LAS VISITAS A LA PLANTA

Una: anunciar las visitas por anticipado

Es sorprendente descubrir que esta regla no se aplica en ciertas plantas. Parece bastante natural; ¿permitiría que entrasen extraños en su casa sin informarle por anticipado? Prepare anuncios por médio de un tablero o panel iluminado que puede erigirse con este propósito en la entrada («Damos la bienvenida al Sr. X, de la compañía Y»), o por medio de noticias colocadas en las áreas de trabajo.

Dos: Implicar a los empleados en la explicación de las áreas de trabajo

Durante las muchas visitas que he hecho a las fábricas visuales, un supervisor o un líder de equipo me ha servido como guía tan pronto como he llegado a su sección. Este método requiere una cierta cantidad de premeditación. Es necesario instruir al empleado que servirá como guía y facilitar apoyo apropiado.

Esta clase de disposición ofrece muchas ventajas. Durante la visita, el personal que recibe a los visitantes puede realizar otros deberes si es necesario. Además, el visitante observa el modo con el que los empleados de la planta perciben los proyectos de la firma. Escuchar a un operario de máquina o a un líder de equipo explicar las ventajas de los stocks cero o las virtudes de la calidad total ofrece a los visitantes expertos indicaciones precisas del nivel de la cultura industrial dentro de la planta.

Tres: Facilitar las explicaciones

La presencia de paneles descriptivos facilita las explicaciones, no solamente a los visitantes ocasionales, sino también en los días de «puertas abiertas».

Cuando la compañía Télemécanique organizó un día de puertas abiertas en su planta de Carros, la responsabilidad del proyecto se confió a un grupo de trabajo. Un miembro del grupo propuso una idea simple:

En vez de guías acompañantes, lo que significaría movilizar un número respetable de personas, ¿porqué no hacer lo que hacen en las ferias? Podemos poner en el suelo tiras de colores, de forma que las personas tengan una ruta precisa a seguir. Entonces, esperaremos en nuestras áreas de trabajo, como vendedores que presentan sus productos en sus puestos o barracas. Cada equipo puede preparar un gráfico que explique la naturaleza de sus actividades, cómo tienen lugar los diferentes procesos, qué procesos son, y los resultados.

Cuatro: Obtener ventajas de las observaciones de los visitantes

Los visitantes tienen un nuevo modo de ver la planta. Sus observaciones, ofrecidas con una perspectiva más distanciada, a menudo son interesantes para los trabajadores de la planta. La compañía no debe ser reluctante a informar a los empleados sobre las opiniones de los visitantes respecto a la organización y operación de las diversas áreas de trabajo. En la planta de Sandouville, de Renault, cada visitante completa un breve cuestionario, anotando observaciones sobre orden y limpieza (Figura 6-7). Los resultados se publican en el periódico de la compañía y se muestran en la entrada principal de la planta.

3
Documentación visual

Alrededor de 1900, Frederick Winslow Taylor empezó a formular las bases del estudio científico del trabajo. Hasta entonces, los individuos hacían sus trabajos según según sus propios modos. Aunque las fábricas tenían pequeños números de trabajadores o personal veterano cuyo «know-how» se había desarrollado con los años, la mayoría de la fuerza laboral consistía en trabajadores sin formación que rara vez sabían como realizar un trabajo eficiente, de alta calidad. Durante esa era, había poca participación en el conocimiento, interés en la eficiencia o posibilidad de progreso.

Taylor observó la actividad de los trabajadores que paleaban carbón en las acerías de Bethlehem, Pennsylvania. Analizando los movimientos de los trabajadores más eficientes, determinó el tamaño óptimo de la pala para la densidad del material a mover, y permitiendo que otras acerías aprendiesen los avances realizados en una acería dada, demostró que era posible incrementar la eficiencia de la producción sin investigar la introducción de nuevo equipo.

La innovación de Taylor consistió en aplicar principios científicos en un campo relativamente inexplorado. Estimaba que no era fructífero incrementar el esfuerzo físico; la solución necesaria era trabajar con más eficacia. Para trabajar con más eficacia en cualquier organización, deben desarrollarse métodos. Por tanto, era necesario observar y analizar tareas, buscar ideas y experimentar y generalizar. El objetivo de Taylor era organizar eficientemente el «know-how» y promover la participación en el conocimiento dentro de las fábricas. De este modo, cada compañía alcanzaría la prosperidad.

Sin duda, en 1900, muchos trabajadores no tenían el suficiente conocimiento académico como para participar en los análisis científicos del trabajo concebidos por Taylor. Sin embargo, no eran incapaces de observar, analizar y hacer sugerencias, que Taylor entendía. Con todo, se trataba de una era de significativo crecimiento. Las compañías necesitaban avanzar rápidamente. Al contrario que hoy, no pretendían aumentar la productividad meramente en un 10 ó 15 por 100. A menudo podían lograr duplicar, triplicar, o incluso alcanzar mayores ahorros de tiempo.

Estaban a la orden del día la especialización y la centralización. Taylor hizo del análisis del trabajo una función del staff, lo que evolucionó en departamentos de ingeniería industrial.

Las consecuencias son familiares. Las fábricas se hicieron mayores, y se subdividieron. Los departamentos de ingeniería industrial se alejaron más de los talleres. Un sentimiento de extrañeza respecto al conocimiento formal empezó a dominar lentamente las líneas de ensamble. Una vez que se perdió la comprensión de los principios de Taylor, perdió credibilidad el concepto entero de los métodos formales. Los departamentos administrativos se han estado quejando de que las unidades de producción no respetaban las directrices escritas, y las unidades de producción replicaban que los estándares eran inapropiados y, a veces, inaplicables. El sueño de Taylor —estimular la formalización de los métodos con el fin de hacer más eficientes a las organizaciones— fue impedido por el «Taylorismo».

EL TRABAJO ESTANDARIZADO: EL «PECADO ORIGINAL» DE LA INDUSTRIA OCCIDENTAL

Los métodos de producción japoneses —«just-in-time», calidad total, participación de los empleados en las decisiones— han llegado a ser familiares en Occidente. Mientras estos métodos operan contra los hábitos de la mayoría de las fábricas occidentales, son ampliamente reconocidos como necesarios para restaurar la competitividad industrial.

Se considera a Shigeo Shingo como uno de los expositores líderes de estos métodos. En la introducción a un libro de 1985, escribe:

> En 1931, hojeé una traducción del libro de Taylor (*The Principles of Scientific Management*, New York, Harper Brothers, 1911) en una librería de la vecindad. Pasando las páginas, encontré una frase verdaderamente inusual. «Artículos baratos», decía: «pueden producirse incluso aunque se paguen altos salarios a los trabajadores.» La aparente imposibilidad de dicha proposición despertó mis sospechas, y conforme continué leyendo el libro, ví que Taylor afirmaba que esa hazaña era posible si la eficiencia se elevaba hasta un alto nivel.
>
> Para mí, este argumento era sorprendentemente nuevo, así que compré el libro y no dormí hasta que lo leí de cabo a rabo. En este momento resolví dedicar mi vida a la dirección científica...
>
> ...Mi pensamiento se basa en la filosofía analítica de Frederick Taylor, y bajo la tutoría del profesor Ken'ichi Horikome también he sido profundamente influenciado por la exhaustiva persecución de metas y del método particular mejor de Frank Gilbreth. Por tanto, este ha sido el empuje básico de mis propios cursos de mejora de la ingeniería industrial.

Shingo no es el único admirador de Taylor y sus métodos estándares. Katsuyoshi Ishidara, uno de los especialistas japoneses líderes en calidad, escribe: «La fabricación de buenos productos es posible solamente si los trabajadores se atienen rigurosamente a los estándares operacionales. Un estándar operacional es un documento que indica el modo apropiado de proceder para lograr la calidad. No es posible fabricar buenos productos sin respetar los estándares o permitiendo que cada uno trabaje de acuerdo con sus propias nociones.»

Kiyoshi Suzaki compara la producción con una orquesta. En su opinión, la sincronización de las diversas estaciones de trabajo es como el ritmo que respetan los músicos. La calidad de un procedimiento dado es como el tono de un instrumento, y la coordinación entre las diversas localizaciones dentro de un área de trabajo puede compararse con la armonía global de una orquesta. «Solamente cuando todos estos elementos están en operación», dice: «puede una orquesta tocar una bella música. El objeto estándar de la fábrica es similar a la pauta musical de cada músico. En nuestras fábricas, el trabajo estándar es un instrumento para lograr el máximo rendimiento con el mínimo desperdicio.»

A la inversa, en Occidente, las ideas de Taylor han adquirido una reputación tan desfavorable que las personas temen decir si el acto de escribir instrucciones precisas es en sí mismo beneficioso o perjudicial. Una cuestión que surgió de los oyentes después de una conferencia en la que definí el principio del despliegue detallado de instrucciones, es una evidencia de la anterior ironía: «¿No choca esa excepcional precisión que valora tanto con la autonomía que también ha establecido como uno de los principios de la dirección moderna?»

Se da un malentendido fundamental porque la formalización de los métodos se contempla como un obstáculo para la autonomía, como si ser «autónomo» requiriese que las personas evitasen seguir instrucciones explícitas o respetar reglas precisas. La cultura de los japoneses orientada colectivamente les permite valorar los métodos formales por sus virtudes de comunicación y progreso, más bien que por su aspecto de autoridad.

UN TABU: DESARROLLO POR LOS EMPLEADOS DE LAS INSTRUCCIONES DE TRABAJO

Los mismos trabajadores pueden desarrollar las instrucciones de trabajo en cooperación con los departamentos técnicos. Esta idea no entraba en la cabeza del cuestionador de la anécdota previa porque nuestra cultura industrial está dominada por numerosos prejuicios.

Muchas compañías encuentran difícil facilitar que el personal

de producción participe en el domininio de la creación de instrucciones. Consideremos la siguiente situación informada en un
artículo de periódico:

> Inspirado por las dificultades que existían para operar el sistema,
> un empleado de una unidad de producción flexible tomó la iniciati-
> va de preparar un manual de operaciones explicando todos los
> pasos que ejecutaba para superar las malfunciones. Este documento,
> extremadamente bien preparado, se utilizó a menudo por sus cole-
> gas. No obstante, la reacción de sus superiores fue de completa
> indiferencia, y como resultado el trabajador se disgustó profun-
> damente.

Los autores concluían observando que era improbable que este trabajador volviese a interesarse de nuevo por el funcionamiento de su lugar de trabajo.

En las mentes de muchos, la escritura está reservada al personal administrativo, aunque en esta era la mayoría de los trabajadores de producción han recibido educación. Otra asunción es
que la creación de reglas, la explicación de métodos, o la emisión
de instrucciones son privilegio de departamentos que están fuera
del área de la planta; estos directivos son los únicos que pueden
dictar leyes.

La comunicación visual está en un conflicto dramático con este tabú arcaico. No sólo se debe pedir a los equipos de producción que participen en el desarrollo de márgenes de tolerancia,
instrucciones y otras directrices visuales, sino que sus actividades
deben llegar a ser un elemento estratégico para aumentar la eficiencia. Los equipos de producción pueden ofrecer conocimientos
en el lugar preciso de un proceso dado para controlar el «know-
how» más eficazmente.

¿Debe reconsiderarse a Taylor? Cualquier persona puede leer
sus trabajos y decidir por sí misma. Sin embargo, los occidentales
que le culpan por la mayoría de los problemas que afectan a la industria cometen un error. Hay una confusión entre los instrumentos y el método para utilizarlos, o entre el concepto esencial del

conocimiento formal y la autoridad que ciertos departamentos derivan del mismo. Criticando a Taylor, abominan de los instrumentos, mientras al problema es la redefinición de las funciones del personal que utiliza esos instrumentos.

El equipo y el cronometrador

En una visita a la planta NUMMI en Fremont, California, me dejó pasmado el número, variedad y precisión de la documentación visual de métodos de trabajo e instrucciones. Entre las ayudas visuales próximas a la línea de ensamble, encontré diagramas de estudios de tiempos/trabajo del tipo que Gilbreth inventó al principio de años veinte.

William Borton, el director de la planta de estampación (ahora director general adjunto para el control de la producción), sentía que estos documentos no eran innovativos. Sin embargo, lo que era inusual, es que era el personal de la línea de ensamble el que realizaba los análisis. Un grupo de trabajo de los operarios de máquinas es responsable de analizar tiempos y movimientos. Estos operarios se cronometran unos a otros. Los resultados cronométricos permiten al grupo conocer cómo trabajan sus miembros más eficientes. Cuando se introduce una mejora, la documentación se actualiza. De acuerdo con Borton, «La frecuencia de estas actualizaciones es el mejor indicador de la habilidad de los trabajadores para perseguir iniciativas».

UN CAMPO DE CONOCIMIENTO

En la cruzada de Taylor por la organización científica del trabajo, se incluyó un largo proceso de codificación del conocimiento. La documentación técnica (tolerancias, instrucciones de trabajo, instrucciones de operación de maquinaria, etc.) representa concretamente esta transformación del conocimiento de los empleados en conocimiento centralizado (Figura 3-1). Sin embargo, cuando el control de este proceso de codificación se convierte en un componente de autoridad, el sistema degenera. Las unidades de producción pierden la habilidad de perseguir iniciativas, y los departamentos administrativos recuperan esta autoridad.

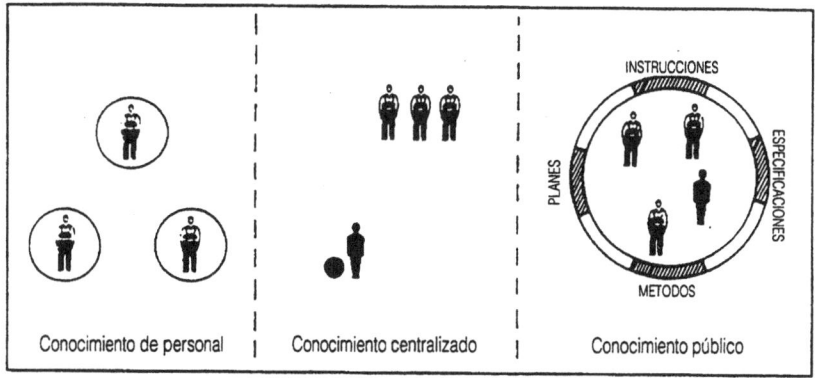

Figura 3-1. La función de la documentación visual: convertir el lugar de trabajo en un campo de conocimiento.

Cada compañía debe preguntarse a sí misma persistentemente hasta que surja una respuesta práctica: «¿Porqué debe ser el conocimiento una señal de autoridad dentro de una organización?» ¿Porqué persisten los individuos en ocultar el conocimiento en detrimento del grupo, cuando el único objetivo razonable es participar el conocimiento para lograr una sinergia y permitir que la compañía se fortalezca?

La organización visual característica ofrece una respuesta concreta a estas cuestiones. El acto de exhibir documentación cambia dramáticamente la forma en que sucede este conflicto de autoridad.

Mientras tanto, cuando los documentos se hacen accesibles (esto es, visibles e inteligibles) donde ocurren las actividades, cuando de saber si sigue sistemáticamente comunicar el conocimiento, cuando la información aparece en espacios públicos, y cuando el entorno de fabricación se transforma en una verdadera base de datos visual, el problema de la posesión del conocimiento puede contemplarse de forma diferente.

Puede producirse una transformación dramática, semejante a una revolución copernicana. Con la organización visual, el conocimiento no pertenece ya a Pedro, o Paula, o a un especialista, o al supervisor de Pedro y Paula. El conocimiento no pertenece nunca a un individuo. Todas las personas participan del campo del conocimiento.

UN TRATADO DEL METODO CONTEMPORANEO

La planta de Solex en Evreux, Francia, fabrica carburadores para automóviles. Hasta hace poco, el control de calidad estaba confiado a un departamento especializado. Este enfoque es la raíz de múltiples problemas —la eliminación de los defectos en la fuente es más difícil, y los flujos de producción son más lentos. Estos factores indujeron a los directores de planta a introducir la autoinspección. Los trabajadores son ahora responsables de la calidad de los carburadores que ensamblan, e inspeccionan el producto directamente.

Para cubrir estas responsabilidades adicionales bajo condiciones apropiadas, los especialistas técnicos de Solex han desarrollado métodos de trabajo e inspección extremadamente rigurosos. Han preparado hojas de instrucciones, información vital sobre la calidad, y reglas de inspección. Estas hojas se han colocado cerca de cada máquina, en soportes rotativos accesibles en todo momento (Figura 3-2).

Nuestra biblia

Un trabajador que ensamblaba carburadores decía: «Sentíamos cierto temor a abrumar a nuestro contramaestre con detalles o dudas menores, y esto a menudo conducía a errores.»

Citando la menor probabilidad de errores como una de las ventajas de las hojas de instrucciones detalladas, los trabajadores de Solex confirmaban un resultado obvio. «Hubo algo que me im-

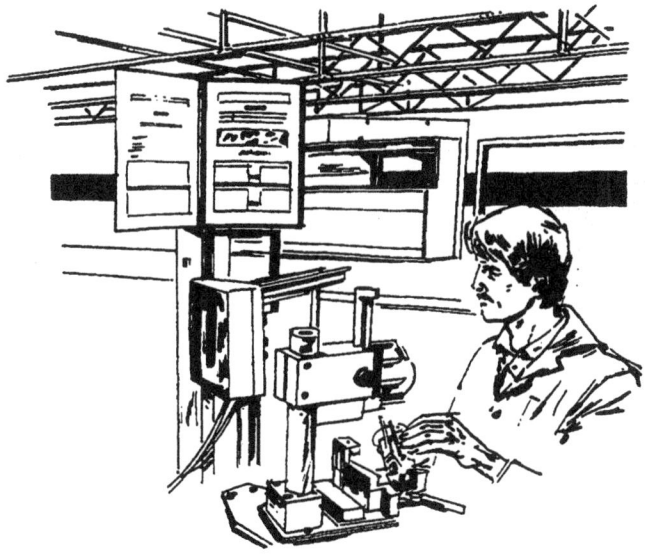

Figura 3-2. Planta de Solex en Evreux. Las hojas de instrucciones están siempre disponibles en los lugares de trabajo (véase con detalle la Figura 3-14).

presionó», dijo un trabajador. «Durante el programa de información, se nos dijo que incluso si un director general de la compañía estuviese al lado de alguno y le pidiese que cambiase una hoja de instrucciones o que emplease métodos que fuesen diferentes a los indicados, podría rehusar. Estaríamos habilitados para decir: "Lo siento, pero esa hoja define nuestros procedimientos, y así es como hacemos el trabajo. No puede cambiarse nada de la hoja hasta que todo el taller lo apruebe".» Este trabajador dijo también: «Ahora confiamos constantemente en lo que está escrito. Las hojas de instrucciones e inspección son nuestra biblia.»

El proceso de adaptación ha trabajado perfectamente. Ha desaparecido el tema de si confiar en las directrices de las hojas refleja una dependencia de un departamento externo. Más bien, los usuarios consideran a los documentos como instrumentos para adquirir mayor independencia.

Los trabajadores ya no necesitan determinar si las instrucciones expresan las ideas del departamento de ingeniería industrial o las intenciones de la dirección. Las hojas representan un concepto objetivo del modo apropiado de hacer el trabajo, un concepto que ha sido aprobado por los usuarios y que será contrastado constantemente con la realidad.

La documentación visual es un tratado del método contemporáneo. Es difícil sobreestimar la profunda importancia de este cambio: con una inversión de la perspectiva —pasando de la estandarización impuesta a la estandarización compartida— el concepto de métodos estándares ha recuperado su buena reputación.

El éxito de este proceso depende del modo con el que se maneja la fase preparatoria. Es fácil iniciar un proyecto de documentación visual en la localización en la que se utilizará. Es más difícil asegurar la participación de los empleados.

Antes de introducir la autoinspección, los trabajadores de Solex recibieron quince horas de formación en las que se explicó plenamente el rol de las instrucciones escritas. Los documentos se diseñaron cuidadosamente y se desarrolló un sistema para facilitar una rápida puesta al día (Figura 3-15).

Todo el staff —personal de supervisión de los talleres y de los departamentos técnicos— participó en el proceso. Cuando se lanzan proyectos que intentan cambiar apreciablemente las relaciones entre el personal y el conocimiento, debe transformarse el entorno entero de la compañía.

UN MAPA DE RUTA

Physio Control es un fabricante americano líder en equipo médico electrónico, particularmente defibriladores cardíacos. Al entrar en la ultramoderna planta de la compañía en los suburbios de Seattle, Washington, se puede entender lo que constituye una instalación visual. Hay áreas de trabajo inmaculadas sin una brizna de polvo, brillantes colores y plantas verdes. Se han organizado algunas áreas de descanso y comunicación en un estilo hogareño en diversas localizaciones. Donde quiera que se mire, llaman la atención las formas de comunicación: identificación de actividades, gráficos de producción cercanos a las líneas de ensamble, tableros donde los empleados pueden registrar los problemas ocurridos en un día dado, etc.

Aproximándose a las estaciones de trabajo, uno se encuentra paneles rotativos con material visual, incluyendo hojas de instrucciones y diagramas de colores. «Estas hojas no han estado aquí desde hace mucho tiempo», comentaba un director de producción:

> «Se pusieron aquí durante el período en el que empezamos a trabajar en base al «just-in-time». Hasta entonces, no habíamos encontrado problemas de ensamble serios, solamente los eventos corrientes en cualquier planta. Las dificultades surgieron cuando intentamos reducir los stocks. En este punto fue necesario trabajar con pequeñas series de producción y cambiar frecuentemente los puntos de trabajo de los empleados, para cumplir más fiablemente las demandas del mercado. Entonces nos encontramos una proliferación de errores menores que condujeron a un aumento regular en el nivel de rechazos durante las inspecciones.»

Documentos inapropiados

«Ya teníamos entonces instrucciones técnicas», continuó el director, «pero no se mostraban en las estaciones de trabajo».

> «El día que decidimos crear documentación que fuese mucho más fácil de leer, para dar a nuestros empleados más autonomía, la ingeniería industrial estableció un grupo de investigación. La idea era que se pediría a los trabajadores que indicasen qué instrucciones creían serían factibles y el formato que considerasen más apropiado.
> Descubrimos que el ingeniero de coordinación del grupo de trabajo había preparado por sí mismo las hojas originales. Honestamente creía que eran buenas. Durante las discuciones, se sorprendió fuertemente al descubrir que los textos de los documentos oficiales

eran generalmente inapropiados. Les faltaba claridad y, en algunos casos, eran ambiguos.

En ese punto, me dí cuenta de un hecho significativo: el director de línea estaba gastando la mayor parte de su tiempo explicando a los trabajadores cómo tenían que hacer su trabajo. Como resultado, estaba descuidando sus funciones de dirección y organización. Por supuesto, esta situación era la fuente de dificultades adicionales.»

Si es que entendimos correctamente al director de producción, bajo el sistema anterior los documentos de trabajo existían probablemente en la forma de una versión oficial y una versión «utilizada realmente». Esta distorsión obligaba al director de línea a actuar constantemente como intermediario entre el departamento de ingeniería y los trabajadores. Cuanto más a menudo tuviesen que cambiar los trabajadores los procedimientos o de estación de trabajo, más se abrumaría al director de línea con las tareas explicatorias y menos atención podría prestar a las cuestiones técnicas y la coordinación. Sus deberes se habían transformado. Había llegado a ser un intermediario involuntario de la comunicación defectuosa.

La ausencia de documentación apropiada no necesariamente produce problemas con la calidad o reduce la eficiencia. Sin embargo, este aspecto es engañoso. Las cosas pueden proceder durante años satisfactoriamente, hasta cuando la firma se enfrenta con mercados inestables que le fuercen a reducir los stocks y los períodos o plazos de fabricación.

En este punto, la ausencia de un sistema de información directa resulta cruelmente aparente. Mientras un trabajador que repite el mismo procedimiento durante un extenso período puede no necesitar instrucciones escritas, el que ocupa una estación de trabajo por unas pocas horas debe ser capaz de consultar instrucciones no ambiguas. De otro modo, sufrirá la calidad del trabajo.

Esto es por lo que, en compañías que quieren ser al mismo tiempo flexibles y productivas, el acceso al conocimiento debe ser inmediato —literalmente, sin intermediarios. Entonces el personal de supervisión puede persegir sus propias funciones: guiar, organizar y planificar.

El tercer componente de la flexibilidad

La flexibilidad incluye varios componentes. Los dos primeros —que vienen al pensamiento con más frecuencia— son la selección de los recursos físicos (maquinaria multipropósito, cambios rápidos de útiles) y políticas de gestión de personal (trabajadores a tiempo parcial, programas variables).

Sin embargo, el tercer componente de la flexibilidad es un aumento en la movilidad de los recursos físicos. Tal movilidad depende de una mejor comunicación dentro de todo el entorno: maquinaria, medios de almacenaje, recursos de mantenimiento, utiles y herramientas, sistemas de información y sistemas administrativos.

Para resumir el concepto con una imagen: en las áreas del conocimiento, cada uno debe poseer los mapas necesarios para encontrar la ruta sin guía.

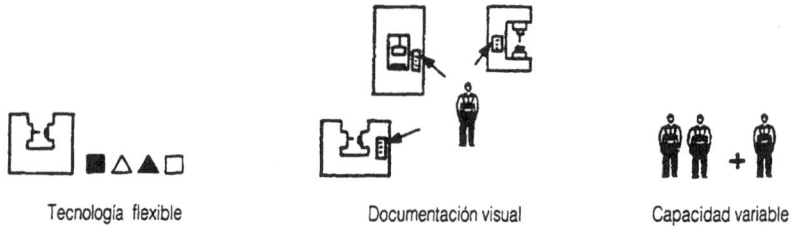

Tecnología flexible   Documentación visual   Capacidad variable

Figura 3-3. Los tres componentes de flexibilidad

UN PUNTO DE ARRANQUE PARA LOGRAR PROGRESO

Los prejuicios son tenaces. Dos prejuicios sobre fábricas han sobrevivido durante largo tiempo. El primero proclama que los documentos estándares son de la incumbencia de las oficinas, no de la planta. Sin embargo, la base de la documentación visual afirma lo opuesto. Cada uno, especialmente las unidades de producción, debe estar implicado en la creación de documentos estándares.

El segundo prejuicio declara que los estándares se crean para durar. Con la premisa de que un departamento especializado ha desarrollado los estándares, la estabilidad de un estándar se contempla como una señal de su calidad. Las consecuencias de un concepto tan inconsistente sobre el desarrollo de estándares son desastrosas.

De nuevo, la organización visual desafía el principio. Un buen estándar evoluciona constantemente. La expresión es quizá paradójica, pero asocia la idea de que, en el nuevo enfoque hacia los métodos, la función de los estándares ha cambiado. No se pretende ya exclusivamente que los estándares definan métodos: su función es inspirar mejoras.

La visibilidad de los documentos juega una función extremadamente precisa en el cuestionamiento constante de los estándares. Como son accesibles a cada uno, los documentos estándares serán objeto permanente de crítica y sugerencias de mejora (mientras, los frecuentes cambios de estaciones de trabajo aumentarán esos comentarios).

Si las instrucciones dicen: «Coger las chapas en grupos de tres», y un miembro del equipo considera posible colocar cuatro chapas en la prensa una vez que se han desbarbado los bordes, entonces puede proponer modificar el estándar. Si las instrucciones dicen: «Hacer dos exposiciones en el túnel de precalentamiento», y un operario observa que una única exposición es suficiente para la temperatura máxima del montaje, entonces puede proponer una modificación del estándar.

Existe generalmente abundante motivación. Si tienen éxito los esfuerzos de un usuario, y el nuevo método se acepta por el grupo, dicho usuario contribuye al desarrollo de un documento oficial de la compañía. La exhibición pública de los estándares es un modo de conocimiento que responsabiliza en el cumplimiento a los que han contribuido al mismo.

Surge claramente por tanto la función de la documentación visual. Introducir un documento en un espacio compartido —sometiéndole a un proceso de escrutinio público— tiene como consecuencia una mejor participación en el conocimiento y oportunidades para un criticismo constructivo.

Estas oportunidades surgen aún más frecuentemente con un mayor grado de precisión en los documentos. Por tanto, la precisión, que se contempla como falta de libertad cuando los documentos se preparan fuera del grupo, se convierte en un componente del progreso cuando la actualización está en manos de los usuarios. La dinámica circular del desarrollo de estándares tiene que entenderse apropiadamente: un estándar es un punto de referencia que ofrece al grupo simultáneamente un punto de adherencia y un punto de partida.

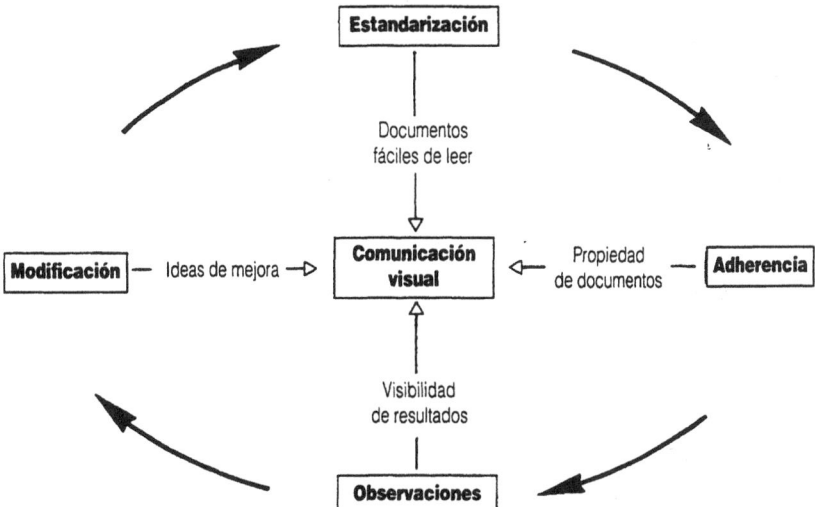

Figura 3-4. Los estándares son necesarios para hacer andar la rueda del progreso. La organización visual facilita el entero proceso.

RESUMEN

Después de una centuria en la que la lucha por el poder dentro de los lugares de trabajo se ha movido alrededor del control del conocimiento, nuevas formas de comunicación han introducido una profunda transformación de las relaciones entre las personas y el conocimiento. Podemos resumir esta transformación en tres puntos:

1. Los usuarios están directamente implicados en la gestión del conocimiento y en el desarrollo de sus propios métodos.
2. La documentación visual en un área de trabajo crea un campo de conocimiento, donde se produce la participación en la información y la adaptación de las reglas y métodos.
3. La comunicación visual ofrece dos ventajas:
   - Se estimulan la autonomía de los empleados y su movilidad, mientras se facilita el logro de la calidad y se reducen también algunas improductivas mediaciones del personal supervisor.
   - La visibilidad de los estándares es un factor decisivo en la participación de los empleados en el progreso en marcha.

FASES DEL DESARROLLO
DE LA DOCUMENTACION VISUAL

Una compañía que persigue la presentación visual del conocimiento debe completar ciertas fases y respetar ciertas reglas. A continuación examinaré los aspectos prácticos de ese proceso en cuatro fases principales:

- Definición del campo cubierto
- Selección de los medios
- Establecimiento de un sistema que permita una rápida actualización.
- Promoción de la participación de los empleados

Definición del campo cubierto

Esta tarea es el punto de arranque del proyecto de documentación visual. La etimología de la palabra «documento» es «enseñar». Por esto, la documentación visual cumple dos funciones: transmitir conocimiento e instruir. Esta interpretación es a propósito extremadamente general. Una compañía que decide adoptar la documentación visual tiene un interés vital en considerar el proyecto en los términos más amplios posibles desde el comienzo.

Esta expansión de la perspectiva se produce a lo largo de dos ejes: un eje define los sectores de la planta que participarán en el proyecto, y el otro la naturaleza de los temas a cubrir.

Expansión a otros sectores

Además de una técnica, la documentación visual es una perspectiva. Si la perspectiva es válida, ¿porqué no aplicarla en cada sector de la planta que pueda beneficiarse de ella?

Si la exhibición pública de métodos y conocimiento es útil en las unidades de producción, ¿porqué no —en forma apropiada— utilizarla en los departamentos técnicos, oficinas o almacenes? Si introducir el conocimiento como dominio público ayuda a evitar errores, aumenta la flexibilidad en la organización del trabajo, y crea condiciones favorables para la mejora, ¿porqué reservar este enfoque exclusivamente a los equipos de producción?

Una compañía que estimula a todos sus departamentos a participar en el escrutinio de la documentación visual aumenta las probabilidades de éxito. Comienza un proceso generalizado, con una dinámica que afecta a la planta entera. La compañía también debe afirmar claramente que más bien que reforzar las reglas de control de los trabajadores, este proyecto pretende producir una transformación altamente significativa de las relaciones entre individuos y conocimiento colectivo.

En otras palabras, la ampliación del principio del conocimiento público incluyendo a otros sectores de la planta es un modo de afirmar el perfil cultural del proyecto, más allá de los elementos técnicos. Examinaremos de nuevo esta idea en relación a otras aplicaciones de la comunicación visual.

Expansión de temas

Cuando el proyecto de documentación visual deja de ser la imposición de restricciones externas o control y se convierte en una promoción de la participación, cambian las actitudes. Se produce un cambio de perspectiva hacia el desarrollo de métodos estándares.

Mientras con el enfoque tradicional era necesario enfatizar la presentación como blanco o negro de los conceptos que las personas no conocían, ahora cada uno debe pensar sobre la expresión escrita de los conceptos conocidos, de forma que los demás puedan beneficiarse.

Por esto, cualquier cosa que sólo unas pocas personas conozcan debe expresarse visiblemente, si ese conocimeinto puede facilitar las actividades de un grupo más amplio. Cualquier información o instrucciones que puedan facilitar un entendimiento más claro del trabajo a cualquier nivel es relevante para el nuevo enfoque de participación en el conocimiento.

Con este punto de vista, la documentación visual adquiere nuevas expresiones: fotografías con puntos rojos que indican posibles malfunciones (Figura 3-5), una red de posiciones dibujada sobre el suelo, una ordenación de piezas colocadas en el orden de sus códigos (Figura 3-13), o una serie de marcas de colores que indican puntos de inspección de niveles de lubricantes en una máquina (Figura 3-10).

Esta expansión visual ofrece dos ventajas. Primero, una parte de los documentos puede generarse por los trabajadores. La comunicación sobrepasa los medios escritos tradicionales, y resulta más accesible con el uso de recursos periféricos: las fotografías y

Nota de riesgo

Figura 3-5. Planta de Renaul en Sandouville. Las «notas de riesgos» que cuelgan sobre la línea usan indicadores de colores para hacer notar puntos críticos en diversos procedimientos.

los rotuladores son a menudo más efectivos que los escritos a máquina para los trabajadores de un lugar de trabajo dado.

La otra ventaja es simbólica. Ampliando el rango de la documentación visual, una compañía lanza una acción colectiva en la que cada persona puede participar a su propio nivel. Un maquinista que propone el empleo de marcas de color en un conjunto de instrucciones para evitar trastocar dos procedimientos no hace algo diferente a un técnico que utiliza el diseño asistido por ordenador para definir un rango óptimo de mecanizado o los parámetros de una máquina controlada digitalmente. En sus propios niveles, cada uno de ellos está desarrollando el «know-how» oficial de la compañía.

Ejemplos de información visual en un lugar de trabajo

1. Métodos y organización
   * Tolerancias de fabricación y hojas de instrucciones para diversos procedimientos
   * Estudios de tiempos/movimientos, planificación del trabajo
   * Instrucciones de autoinspección, listas de indicaciones de riesgos
   * Procedimientos de auditoría
   * Recomendaciones concernientes a la calidad e identificación de los puntos críticos en los procedimientos operativos
   * Marcado de superficies
   * Balancear las estaciones de trabajo
   * Almacenaje e identificación de artículos semiacabados
   * Niveles de stocks en la vecindad de las estaciones de trabajo, o en los almacenes
   * Otros estándares y reglas para el control de operaciones
   * Procedimientos, reglas de seguridad
2. Recursos y tecnología
   * Instrucciones de operación del equipo
   * Cambio y ajuste de utillaje
   * Procedimientos de mantenimiento y para paradas por avería
   * Procedimientos de monitorización y servicio
   * Descripción de procesos y tecnologías.
   * Procedimientos de fabricación generales
   * «Layouts» de la planta y gráficos de flujo
3. Productos y materiales
   * Especificaciones del producto
   * Materiales y componentes requeridos
   * Listas de piezas
   * Requerimientos de empaquetado
   * Identificación de defectos comunes en materiales y productos

Selección de medios

Bendix Electronics, una compañía que emplea 800 personas en su planta de Toulouse, Francia, produce artículos electrónicos para automóviles (componentes de alumbrado y de sistemas de freno, por ejemplo). Buscando mantener los niveles de calidad de su output, la compañía ha desarrollado un conjunto altamente coherente de diagramas para las estaciones de trabajo (Figuras 3-6 y 3-7). Los diagramas sirven como hojas de instrucciones, mientras muestran al mismo tiempo procedimientos de mantenimiento de la maquinaria, y directrices para arrancar y monitorizar máquinas específicas.

indicador de procedimiento crítico

instrucciones de trabajo

Figura 3-6. La planta de Bendix en Toulouse. Como hay demasiados documentos dentro de las áreas de trabajo, se han instalado soportes verticales con forma de U que mantienen las hojas de instrucciones entre placas transparentes. Señales amarillas brillantes en las esquinas izquierdas de algunas placas señalan que el procedimiento es crítico para la calidad final del producto. Este tipo de indicación es un ejemplo interesante de documentación visual. La señal es claramente visible y su presencia ayuda a los empleados a recordar no pasar por alto alguna hoja de intrucciones.

Preparación de pistolas de adhesivo

1. Vaciar y lavar

émbolo de
la pistola

perno   aguja

alcohol
isopro-
pílico

Limpiar los 4 elementos de la pistola

No deben permanecer
trazas de adhesivo

- Limpiar el interior de la
  aguja con un trépano
  apropiado

boca

2. Llenar las pistolas

tapón r

- Insertar el tapón plástico
- Asegurarlo con un perno

adhesivo

- Colocar dos pistolas en el
  estante.
- Llenarlos con adhesivo hasta 1/3 de su longitud

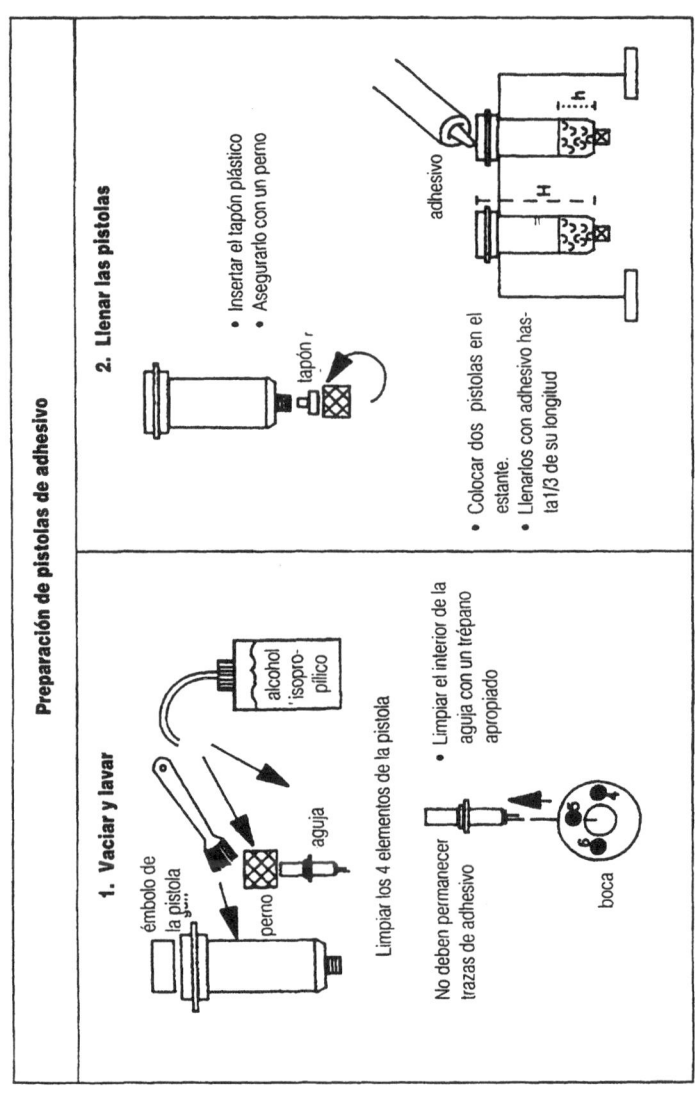

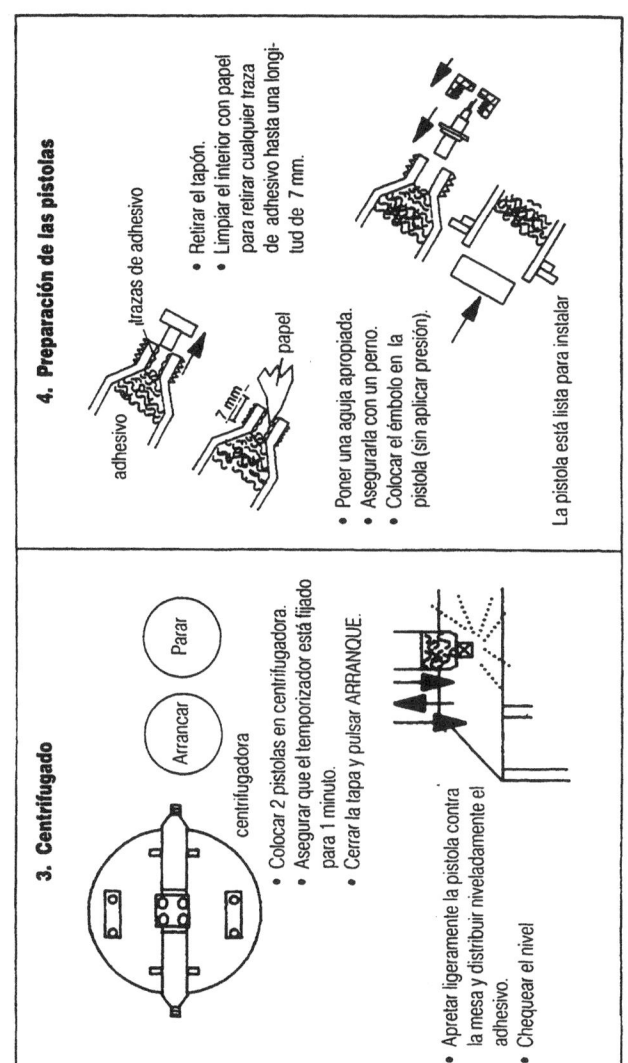

Figura 3-7.

El director de documentación visual dice: «Cuando arrancamos con este proyecto, realmente no pensábamos que pudiese implicar tanto trabajo.» El proyecto consistía en detallar punto por punto cada parte de los métodos y conocimientos de la compañía, realizar actualizaciones de forma sistemática y organizar la difusión de la información. Con todo, los beneficios producidos para la fabricación han hecho de estos proyectos que puedan considerarse entre las mejoras inversiones que pueda hacer una firma.

Información clara para una audiencia no específica

En Bendix, un especialista asignado específicamente a la división de fabricación prepara todos los diagramas para las estaciones de trabajo. El tiempo del especialista se distribuye entre preparar documentos y formar a los empleados. Con experiencia práctica, el especialista tiene una idea precisa de cómo deben prepararse los documentos:

> La esencia de la documentación visual es que debe ser autosuficiente para una audiencia no definida específicamente. No debemos satisfacernos con poner por escrito cualquier cosa que parezca apropiada. Debemos interesarnos especialmente con lo que los usuarios —como mínimo, la mayoría de los usuarios— necesitan. Para que una documentación cumpla su función de apoyo todas las veces, muchas personas deben entenderla del mismo modo. Cuando un mensaje ofrece información para un supervisor, se entiende de modo diferente que cuando se pretende se lea por una unidad de producción entera.

En la comunicación verbal, cada uno adapta sus mensajes a situaciones específicas. Uno conoce al oyente y le tiene en cuenta en su modo de expresión. Siempre es posible clarificar ciertos puntos si el mensaje se malentiende.

Nada de esto es posible con la documentación visual. Como se pretende que los mensajes se dirijan a una audiencia, deben ser perfectamente entendidos por cada uno desde el principio.

Otro factor hace difícil el diseño de documentos. Cuando la documentación visual se está desarrollando, los empleados tienen que pasar a confiar en este material escrito. Confían en la información que se muestra. Sin embargo, la más ligera insuficiencia o ambigüedad en los mensajes, puede conducir a errores.

Por tanto, la preparación de la documentación visual requiere un detalle extremo y profundidad. Es necesario no solamente explicar los pasos que tienen que completarse sino también considerar cualquier cosa que pueda malinterpretarse o hacerse impropiamente. Si el texto indica: «Fijar el componente con pernos», por ejemplo, especificar la herramienta a emplear, así como la presión de anclaje apropiada. Si se escribe «Cerrar la cubierta», recordar avisar que la máquina no puede arrancar de nuevo si la cubierta está colocada en posición invertida.

Mientras tradicionalmente se consideraba que los documentos técnicos debían tener una difusión y almacenaje limitados dentro de las fábricas, actualmente la documentación para los lugares de trabajo debe considerarse en términos de comunicación de masas. Ni a los ingenieros ni a los especialistas técnicos se les ha preparado para esta tarea y esto no se incluye aún en su formación. Es por tanto necesario un proceso de aprendizaje en el mismo puesto de trabajo.

Ventajas de la comunicación con imágenes

La comunicación visual debe ser al mismo tiempo precisa y profunda, y, con todo, simple. Los recursos gráficos fotográficos son valiosos para vencer en este desafío. Siempre que sea posible, crear símbolos o emplear colores en vez de componer un texto largo.

Son extremadamente útiles las fotografías instantáneas para acompañar un texto o identificar puntos puntos críticos de elementos. El video es también un modo útil de facilitar formación para ciertos procedimientos.

Algunas compañías utilizan películas en la formación. Los nuevos empleados ven películas de video antes de empezar. Pueden ver como opera el personal experimentado, que errores deben evitarse, las consecuencias de los errores, y los puntos vitales a monitorizar.

Ejemplos de experiencias ordinarias

En ciudades o autopistas, los mensajes se diseñan para que se interpreten rápidamente por gran número de personas, con poco riesgo de error. Ofrece múltiples ventajas el empleo de símbolos

Figura 3-8. La planta de J. Reydel en Gondecourt. Se hace un esfuerzo sistemático para exhibir las instrucciones de trabajo. Dependiendo de la naturaleza de los diversos documentos, los empleados son parcial o totalmente responsables de producirlos. «Las ventajas de exhibir las instrucciones son a menudo inmediatas en términos de mejora de la calidad», de acuerdo con el director de producción.

Después de que se colocó un gran gráfico de instrucciones con fotografías de puntos críticos, la tasa de defectos de la estación de trabajo bajó en un 40 por 100. Otra ventaja: la muestra pública de los métodos facilitó que los trabajadores del ensamble entendiesen las funciones realizadas por los trabajadores de la sección de conformado en caliente. La comunicación dentro de la unidad de producción ha mejorado significativamente (el poster de la derecha dice: «¡Declare la guerra al desperdicio!».)

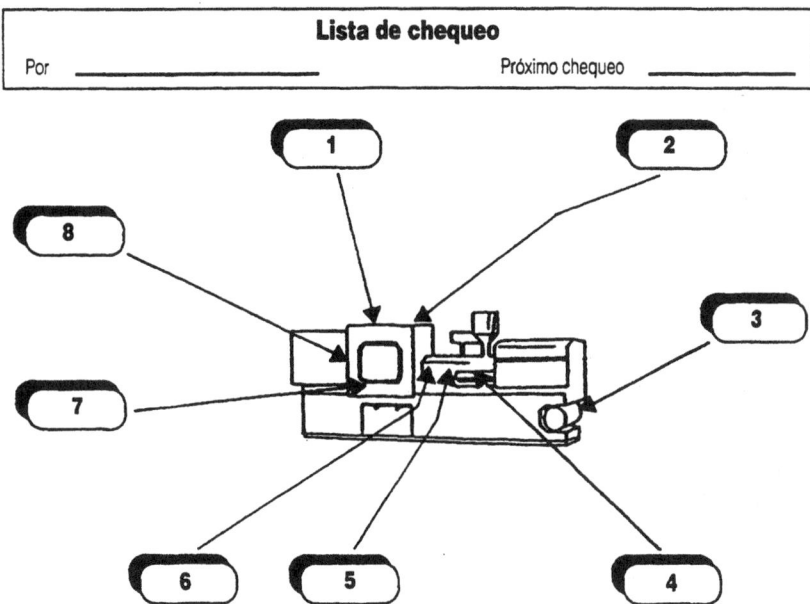

N.°	Instrucciones
1	Verificar mecanismos de seguridad de útiles
2	Verificar presión de cierre
3	Verificar células de almacenaje
4	Fijar la temperatura
5	Verificar anclajes
6	Verificar sondas
7	Verificar funcionamiento de mecanismos de final de carrera
8	Verificar funcionamiento de mecanismos de seguridad y alarmas

Figura 3-9. Muestra de lista de chequeo del mantenimiento. Las referencias indican los puntos de la máquina en los que debe realizarse el procedimiento.

(sobre señales que indiquen «Peligro», «Parada», «Giro a la derecha»). Toma menos tiempo leer los símbolos. Con un número de símbolos limitado, la lectura es meramente una forma de selección.

Los símbolos facilitan la movilidad. Las reglas de la carretera, por ejemplo, permiten que las personas puedan conducir automóviles en todos los países del mundo.

Ultimamente, el lado derecho del cerebro —donde se reconocen las imágenes —funciona con más rapidez y es capaz de establecer correlaciones más fácilmente que el lado izquierdo. El cerebro derecho almacena la información significativa eficazmente porque la registra contextualmente.

Para producir documentación visual, podemos aprender de los panfletos de instrucciones vendidos para el público en general, siempre que adoptemos modelos de diseño apropiados.

Un ejemplo de comunicación apropiada para no especialistas lo podemos tomar del campo de los microordenadores. Un factor que está detrás del éxito de los ordenadores Apple es el esfuerzo de la compañía para facilitar las cosas al usuario. Las instrucciones autoexplicativas ayudan a aprender; además, los errores por falta de cuidado raramente reproducen consecuencias serias. Muchas características evitan que los usuarios cometan errores o les ayudan a salir de situaciones difíciles. Ciertos programas son ejemplos excelentes de sistemas a prueba de errores.

El equipo de la planta es como un coche alquilado

Antes de conducir un automóvil por primera vez, cada uno de nosotros tomó lecciones, y ahora nos es fácil conducir nuestro propio automóvil. Sin embargo, supongamos que alquilamos un vehículo y nos llevamos la desagradable sorpresa de que no tiene indicadores para el limpiaparabrisas o las luces. Supongamos que posicionar el embrague o ajustar la posición del asiento exigiesen unos procedimientos tan complicados, tan complejos, que tuviésemos que pedir al empleado de la agencia alquiladora que explicase los pasos requeridos. Claramente, tal falta de facilidades para el usuario constituiría una seria dificultad para alquilar el automóvil.

Similarmente, en las áreas de producción de una fábrica, la documentación visual ayudará a los usuarios a cometer menos errores y a necesitar asistencia menos frecuentemente.

No justamente expresión mediante papel

Si las personas tuviesen que restringirse a transmitir conocimiento en el modo tradicional —sobre papel— el lugar de trabajo rápidamente se asemejaría a la Librería del Congreso. Especialmente en el caso de la información que no necesita una frecuente actualización, es a menudo más sencillo integrar directamente indicadores en elementos del equipo (Figura 3-10) tales como símbolos adheridos a una máquina. Esta integración puede ahorrar tiempo y reducir la probabilidad de errores.

Nunca seleccionar medios sin comprender primero el modo con el que el usuario percibe la comunicación. Hay que ir a la localización específica y consultar a las personas que trabajan allí. A menudo, discutir la situación mientras se permanece cerca de la máquina en cuestión ayudará a desarrollar señales que serán más económicas y eficientes que planificar símbolos basados en escritos generados en alguna oficina.

Colocar la información cerca de donde vaya a utilizarse

Es fundamental seleccionar el lugar de un mensaje visual. Tener presente que las metas de la comunicación visual son ayudar a los que utilizan la maquinaria, a ahorrar tiempo, y a reducir la probabilidad de errores.

Este principio se reconoce en la experiencia diaria. Si tenemos que operar un tocadiscos compacto pero no estamos familiarizados con él, hace nuestra tarea más fácil tener explicaciones colocadas directamente debajo de los botones de control. El mismo principio se aplica en las fábricas. Los usuarios que no tienen un conocimiento especializado sobre una máquina deben poder encontrar toda la información necesaria en el entorno inmediato.

Se facilita el aprendizaje colocando los mensajes cerca del lugar de una actividad dada. Para entender las instrucciones, es a veces suficiente observar como otra persona ejecuta un procedimiento. Comparando las acciones de esa persona con las indicadas en la hoja de instrucciones, se puede aprender dos veces más rápido que con explicaciones en una clase*.

La necesidad de proximidad significa perfilar las soluciones apropiadas para cada situación. A menudo la información debe organizarse jerárquicamente, manteniendo la información perma-

 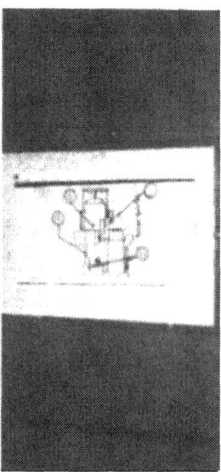

Figura 3-10. La planta de Facom en Nevers, Francia. Las señales de colores sobre la máquina indican los puntos para monitorización de los niveles de aceite. Cada color que aparece sobre el diagrama y sobre la máquina corresponde a un programa de inspección.

---

* Incluso con símbolos de tráfico no familiares, un extranjero puede adaptartse rápidamente a una nueva ciudad observando la conducta de otras personas. Un neoyorkino que llegue a París no tendría que esperar 15 minutos a que parpadease una señal de «WALK» antes de cruzar una calle.

nente o importante en la estación de trabajo o cercana a la máquina (Figura 3-11), y guardando cerca otra información. La información detallada que raras veces se consulta puede guardarse en
otro punto dentro del territorio del equipo.

Ventajas de la formación in situ

William Borton, de NUMMI, es un entusiasta de la formación
in-situ. En su opinión, la formación en tareas múltiples es especialmente eficaz si se muestra información clara en los lugares
apropiados:

Figura 3-11. La planta de Valeo cercana a Le Mans. Colocación de instrucciones de operación sobre un panel de control. Las fotografías muestran posiciones del robot que pueden requerir un tipo de intervención específica.

«En el pasado, cuando llegaba un nuevo miembro al equipo, el supervisor tenía que asumir la responsabilidad personal de la formación. Usualmente, esta formación era insuficiente por falta de tiempo. Sin embargo, si algún otro tenía que asumir la responsabilidad, se producía el riesgo de una instrucción incompleta o mal comunicada. Cuando existe documentación en la estación de trabajo que puede utilizarse como ayuda, diversas personas pueden facilitar formación, sin sacrificar la coherencia de las explicaciones.»

Implantación de un sistema para una actualización rápida

El éxito con un sistema de documentación en los lugares de trabajo requiere una rápida actualización. Los documentos incorrectos u obsoletos amenazan con socavar la confianza de los empleados en todo el sistema.

Figura 3-12. La planta de Solex en Evreux. Hojas de instrucciones para preparar las herramientas de corte de un centro de acabado. Esta área está situada a pocos metros de la máquina (el fabricante de la máquina ha preajustado sus propias herramientas de corte).

Examine el procedimiento de actualización incluso más cuidadosamente cuando se hagan cambios frecuentes como consecuencia del nivel de detalle de los documentos y de las sugerencias de mejora que haga el grupo de usuarios.

Sin embargo, no es suficiente decir: «Hacerlo rápidamente». Más bien, preparar una estructura completa capaz de asegurar una rápida actualización cualesquiera sean las circunstancias. Cada aspecto debe definirse en detalle. ¿Quién es el responsable de las actualizaciones? ¿Cuál es el procedimiento y con qué intervalos se harán las actualizaciones?

Si la actualización se realiza por alguna persona externa al grupo, esta persona debe aceptar el compromiso de completar las actualizaciones en un límite de tiempo especificado.

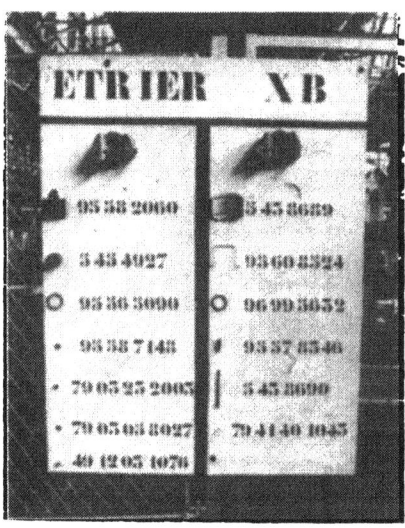

Figura 3-13. La planta de Citroën en Caen. Se muestran las piezas con sus códigos de referencia en la entrada del área de almacenaje. La capacidad para reconocer piezas es indispensable cuando los stocks se organizan en una base de autoservicio.

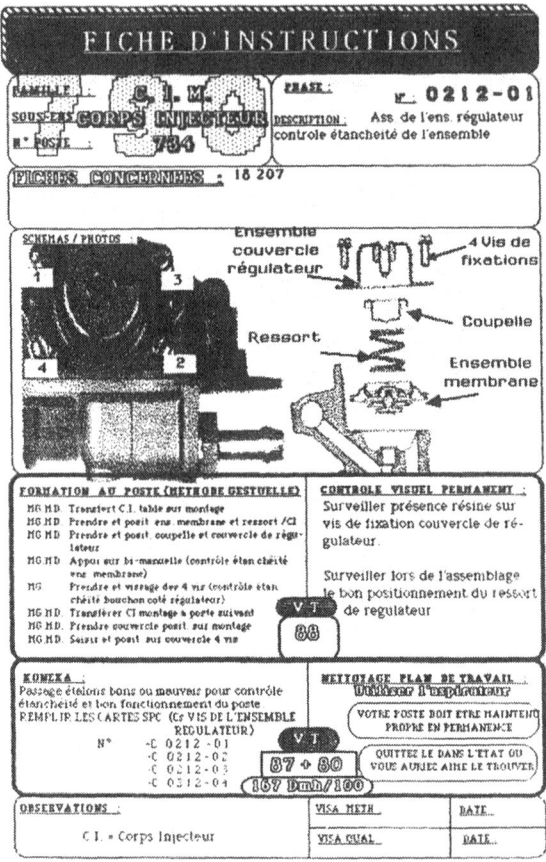

Figura 3-14. Documentación generada con ordenador en la planta de Solex en Evreux. Mostrando las instrucciones de operación en el ensamble de un inyector. Se han introducido muchos cambios en los procedimientos operativos a través de los esfuerzos de los trabajadores. Cuando determinan modos más eficientes y seguros de trabajo, sugieren los cambios en la hoja de instrucciones a sus líderes de equipo. Si un cambio dado se considera válido, el texto se inserta inmediatamente en la lista actual. Tan pronto como sea posible, se envía un duplicado al técnico especialista apropiado.

Esta persona es exclusivamente responsable de actualizar las instrucciones, con una oficina situada a pocos pasos del área de trabajo. En un plazo de medio día, estará listo un documento actualizado. La búsqueda de eficiencia ha llevado a Solex a utilizar un sistema de ordenador combinado con una cámara escáner para generar estos documentos (véase figura 3-15).

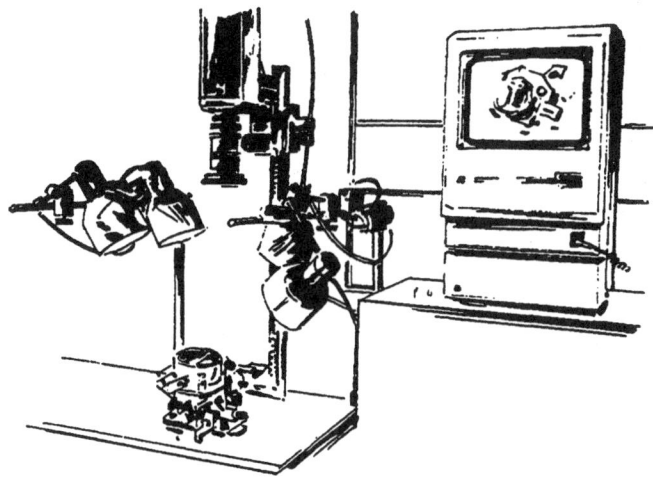

Figura 3-15. Equipo para la creación de imágenes utilizado en la planta de Solex en Evreux. Una cámara y un microordenador que reproducen la imagen de un carburador o componente en la hoja de instrucciones. Utilizando una base de datos en un microordenador, es posible crear en una hora una nueva hoja de instrucciones, o introducir actualizaciones en 10 minutos. Están en uso más de 1.000 hojas de instrucciones.

Promover la participación de los empleados

Lo hemos intentado todo. El supervisor ha organizado varias reuniones. Hemos dado formación a todo el staff, y hemos explicado porqué es importante seguir las reglas sobre seguridad y limpieza. Se han colocado grandes posters de colores en la entrada del área de trabajo, pero con todo ello no hemos logrado nada. Se han seguido produciendo fallos a lo largo de la línea. Al final, solamente ha quedado un remedio, imponer penalizaciones, pero esto no es consistente con nuestra orientación habitual.

¿Cuántas veces no hemos escuchado estas lamentaciones? La incapacidad para conseguir la cumplimentación de las reglas ocurre con frecuencia y rápidamente produce conflictos. Dentro de este contexto, ¿qué pueden lograr incluso los pósters más bellos?

La compañía Fleury Michon ha adoptado un enfoque completamente diferente para superar esta situación en la producción de alimentos empaquetados y cocinados. En vez de imponer reglas de forma autoritaria, la compañía pidió a sus trabajadores de producción que, con asistencia del departamento de calidad, definiesen las reglas que deberían seguirse para asegurar un máximo de higiene en las áreas de trabajo. Se estableció un grupo de trabajo para definir los procedimientos apropiados y crear un panel de comunicación (Figura 3-16).

El panel, organizado como una tira de comics, es visible a la entrada del área de producción. Como ilustra los procedimientos definidos por los empleados, el panel es el código interno del grupo. Los procedimientos están claramente indicados y todos los recien llegados los aceptan.

Fleury Michon ilustra el cambio de perspectiva que tiene lugar cuando la muestra pública de las instrucciones pasa a ser la responsabilidad de los empleados. Mostrando públicamente una in-

Figura 3-16. Instrucciones sobre higiene en la planta de Fleury Michon en Pouzages, Francia. Estas instrucciones se muestran a la entrada de un área en la que se preparan jamones. Las fotografías de la parte superior muestran los procedimientos a seguir al entrar en el área, y las de la parte inferior muestran los que hay que seguir al salir.

formación tal, se invierten las relaciones tradicionales. En vez de exponer públicamente algo que no conocen los trabajadores, es necesario mostrar algo que sepan les beneficia a ellos y a otros. Un fenómeno similar puede identificarse para el cumplimiento de las reglas. Mientras con el enfoque tradicional se publican reglas especialmente cuando las personas no las obedecen, ahora los grupos publican reglas que ellos mismos crean y mantienen.

La presencia de documentación apropiada dentro del territorio de los empleados cambia la forma en que la perciben. La exhibición de mensajes no representa una restricción o coacción externa; en vez de ello, simboliza un compromiso por parte del grupo.

Ventajas adicionales

Además del aspecto psicológico, estimular a los empleados a participar en un proyecto de documentación visual ofrece dos ventajas prácticas.

Una de las ventajas, la calidad, surge del hecho de que la documentación visual es un producto como cualquier otro producto. Los empleados son consumidores. Obtener su participación en el diseño del producto es el modo más efectivo de asegurar resultados de alta calidad. Un enfoque eficaz consiste en formar un grupo de estudio con representantes de varios departamentos. Después de un período de ensayo, reunirse con los empleados y realizar encuestas en las áreas de trabajo puede facilitar un positivo «feedback» de información.

Segunda, se reducen las responsabilidades de algunos departamentos. En la planta de Hewlett-Packard en Fort Collins, Colorado, un grupo de cuatro empleados tiene la responsabilidad específica de gestionar la documentación de los lugares de trabajo. Uno de ellos decía: «Los ingenieros supervisaron este proyecto en su fase inicial, pero ahora confían en nosotros y ya no andan metiendo sus narices en lo que hacemos.»

Ponderar la participación

Mientras hay que reconocer la necesidad de implicar a los empleados sistemáticamente en la publicación y exhibición de documentos e instrucciones, deben encontrarse métodos apropiados para cada situación. Como la documentación visual cubre una gama extremadamente amplia —desde las tolerancias de fabricación definidas por el departamento de diseño a las marcas de color en las máquinas que señalan los puntos de lubricación— debe ponderarse la participación de los equipos de producción. Hay dos tipos generales de documentos.

Ciertos documentos deben completarse enteramente por las unidades de producción, incluyendo los documentos más simples que no requieren almacenaje centralizado de la información. Otros documentos deben permanecer bajo el control de los departamentos administrativos. Con todo, incluso en este caso, la administración debe intentar mantener una relación cooperativa con los usuarios. Aceptar desde el principio que el diseño de un documento con información original se revisará y complementará para los empleados conforme utilicen el documento.

Para asegurar el cumplimiento de estas instrucciones, prevenir un espacio en cada hoja para la información suplementaria. Otro método que emplea tableros o paneles de exposición, provee áreas abiertas próximas a los documentos estándares de forma que los equipos pueden registrar la información adicional que consideren útil.

4
Control visual de la producción

Durante los años 70 y 80, cuando Occidente buscaba sondear en el enigma de la competitividad japonesa, los empresarios que volvían de visitar Toyota informaban que habían encontrado un singular método de control de la producción. Este más bien aparentemente arcaico proceso conocido como kanban, empleaba tarjetas que se movían entre las estaciones de trabajo.

Los visitantes occidentales sonreían con condescendencia. «Estos novatos son duros de batir en cuanto a precios, porque pagan salarios bajos y nunca toman vacaciones. Afortunadamente, cuando se trata de gestionar la producción, no nos llegan a las rodillas. Podemos computerizar nuestras fábricas. Su estado del arte es equivalente al ábaco.»

Aproximadamente diez años después, cuando visité la fábrica NUMMI en California, William Borton, en aquel tiempo director de la planta de estampación, comenzó su presentación diciendo: «Nuestros métodos de control de la producción descansan fundamentalmente sobre el control visual. En la unidad de estampación, gestionamos la producción y el stock sin un ordenador.»

Había un cierto orgullo en su voz. Con todo, como residente en Silicon Valley, Borton no desdeña los ordenadores. Meramente quería decirnos que su planta ha adoptado un modo particular de organización en la que se ha abandonado la exigencia de computerizar todo. Los ordenadores se utilizan solamente en situaciones cuidadosamente seleccionadas.

Para entender la perspectiva de NUMMI —que han adoptado otras muchas compañías— debemos reconocer que durante los años 70 y 80, la tecnología de los ordenadores pareció ser la cura milagrosa para gestionar los complejos problemas de las unidades de producción. Actualmente se ha producido un «impasse», derivado de dos errores fundamentales.

El primer error fue no cuestionar las razones para el nivel de complejidad. Las compañías confiaban ciegamente en el poder del hardware informático, cuando habrían hecho mejor en invertir más energía en simplificar los modos de organización.

El segundo error consistía en intentar lograr un control óptimo de la planta mientras no desarrollaban la relación entre el personal de producción y los sistemas logísticos. Tenía poca importancia la calidad de la comunicación entre el personal implicado en la producción y los sistemas de información que debía guiarles.

El control visual de la producción difiere fundamentalmente de esta perspectiva. Simultáneamente, el control visual de la producción contribuye a la simplificación de los sistemas de formulación de decisiones y a ensanchar la participación de los empleados en la gestión de las unidades de producción.

¿QUE ES CONTROL VISUAL DE LA PRODUCCION?

El control de la producción consiste en orientar a las unidades de la producción de acuerdo con directrices definidas. Deben definirse objetivos de cantidad y plazo, y deben adoptarse decisiones en cuando a pedidos de primeras materias y piezas, asignar recursos humanos y técnicos, arrancar el proceso de fabricación en el momento apropiado, y seleccionar prioridades en el caso de sobrecarga en las unidades de producción.

¿Cómo cambia el modo de mantener el control añadir el adjetivo «visual»? Consideremos ejemplos de la vida diaria.

Un motorista emplea el control visual cuando conduce su automóvil de acuerdo con lo que ve: señales de avería, señales de luz, la línea de coches en su frente, vías de salida de la carretera y marcas y señales sobre la ruta. Un corredor pedestre utiliza el control visual cuando corre por una ciudad, pasando por los laterales o aceras protegidas, y esperando la luz verde de un semáforo para cruzar una intersección.

Un consumidor emplea el control visual al preparar una lista de compras de acuerdo con las cantidades de provisiones de la despensa. Un cocinero en un restaurante de comidas rápidas emplea el control visual para preparar hamburguesas después de advertir que la pequeña reserva de suministros cercana al mostrador está próxima a vaciarse.

¿Son éstas situaciones «control visual de la producción»? ¿Se actúa exclusivamente sobre la base de lo que se ve? La respuesta a esta cuestión no es simple. Aunque en ciertos casos el control visual de la producción puede definirse de este modo (excluyéndose, por tanto, la existencia de un ordenador), estas situaciones no constituyen la regla general.

Aunque es fácil imaginar a un pastelero verificando visualmente el aprovisionamiento de bloques de chocolate, este procedimiento sería insuficiente en una fábrica en la que tengan que manejarse 20.000 componentes en un almacén automático. Sin embargo, incluso en los almacenes computerizados es posible practicar el control visual del stock.

El control visual de la producción no significa necesariamente volver a la Edad de Piedra. Cuando un piloto de avión decide emplear el control visual, no desconecta cada uno de los ordenadores de vuelo. Dos ejemplos más ayudarán a desarrollar otra definición.

UN JUEGO DE TARJETAS

Actualmente, el método kanban ha llegado a ser familiar en Occidente para gestionar los procesos de producción de tipo repetitivo. El principio básico del kanban puede observarse en la figura 4-1.

El kanban es un buen ejemplo de control visual de la producción porque se apoya en un sistema de tarjetas ordenadas sobre

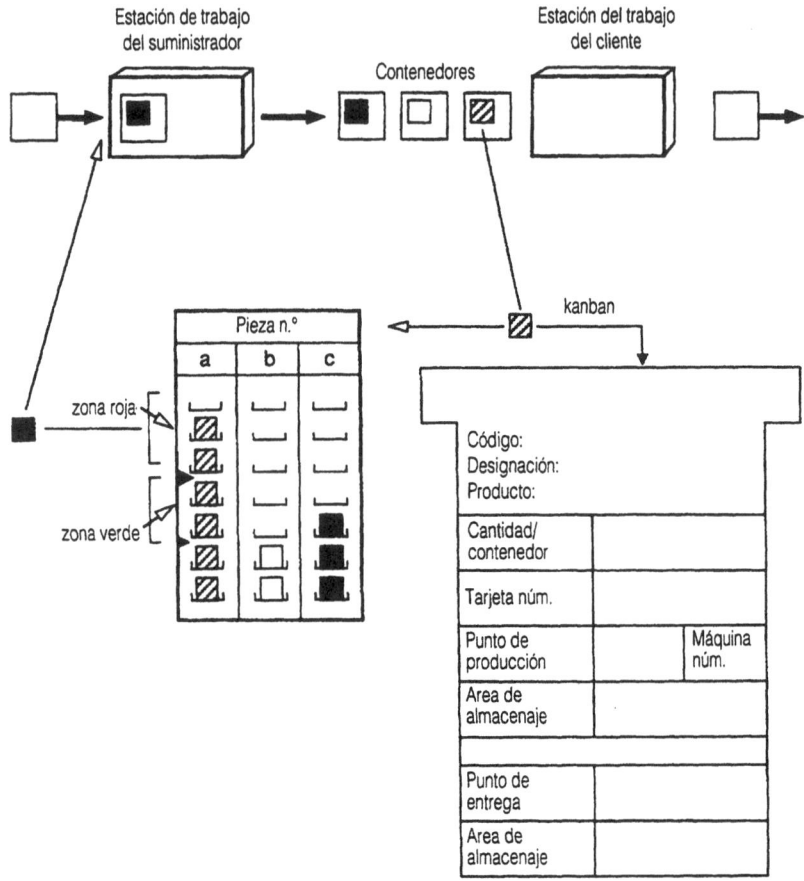

Figura 4-1. Un sistema kaban. Cada estación de trabajo siguiente (cliente) mantiene un pequeño suministro permanente de contenedores de diversos componentes entregados por las estaciones de trabajo previas (suministradores). Una tarjeta kanban acompaña siempre a cada contenedor entregado. Cuando el cliente vacía un contenedor, la tarjeta se envía al suministrador, que trata la tarjeta como una orden de pedido y produce los componentes requeridos. Las decisiones para arrancar la producción son de prerrogativa exclusiva del cliente y del suministrador; no está implicada la oficina central. Taiichi Ohno, inventor del sistema, lo comparaba con el sistema de autoservicio de los supermercados.

un tablero. Conforme empieza a subir el nivel de las tarjetas con un número de referencia particular, es inmediatamente clara la necesidad de reasumir la producción.

Asumamos que el tablero se ha reemplazado por una pantalla de ordenador. Los datos siguen siendo los mismos y las tarjetas meramente se procesan por el sistema informático. ¿Sigue siendo control visual?

Yendo un paso más allá, asumamos que el ordenador que está procesando estos «kanbans electrónicos» recibirá de aquí en adelante las proyecciones de ventas (procedentes de la división de marketing) y que estos números se presentarán en pantalla con directrices para el operador respecto a la prioridad de reasumir la producción de un artículo u otro. Con el empleo de este apoyo informático, claramente el sistema es altamente sofisticado. No es totalmente manual. ¿Se puede aún seguir llamando a esto control visual?

Esta dificultad para definir los límites precisos del control visual demuestra que nos hemos aventurado por un camino incorrecto. Hemos estado buscando una definición orientada hacia los medios del control visual, cuando lo que necesitamos es una definición derivada de la relación entre el personal y el sistema.

Lo que hace del kanban un sistema de control visual no son las técnicas empleadas para mostrar los datos. El aspecto vital es la forma de accesibilidad del trabajador a la información logística. Como en la comunicación visual, el control visual de la producción es control mediante visibilidad.

Tal visibilidad depende de tres reglas fundamentales:

- Las situaciones son visibles para todos.
- Las metas y reglas son visibles para todos.
- Participa cada persona y se considera involucrada a sí misma.

Figura 4-2. Tablero kanban en la planta Citroën en Caen. Este tablero contiene tarjetas kanban utilizadas para pedir piezas entregadas por otra planta. Las tarjetas no se envían físicamente al suministrador; para reducir retrasos, se envían por telefax. El operario que utilizará los artículos en particular es el que hace la comunicación por fax

Situaciones que son visibles para cada uno

Cada uno puede determinar el número de órdenes no satisfechas —la cantidad de trabajo necesaria para una estación cliente— observando la altura de la pila de tarjetas. La pila más cercana al dintel de alarma indica un artículo que necesita atención prioritaria. Los retrasos son inmediatamente visible, porque si las tarjetas están en el área roja y el artículo no se está produciendo, cada uno entiende que la situación es crítica.

William Borton, de la planta NUMMI, nos contó esta anécdota:

Un día un conductor de carretilla elevadora vino a verme, sumamente excitado. Decía que al pasar por las piezas estampadas semiacabadas, observaba que solamente había suficientes piezas para una hora y media de producción. Por tanto, sería preciso parar algunas máquinas. Una rápida investigación mostró que el ticket kanban se había colocado erróneamente. Vigilar el stock no era una de las funciones usuales del conductor. Sin embargo, como las piezas estaban ordenadas sistemáticamente y él conocía el nivel de alarma, podía fácilmente detectar el problema. Sin su acción, ciertamente habría sido necesario parar un taller de soldadura, con consecuencias técnicas y financieras drásticas.

Las metas y reglas están visibles para todos

El primer objetivo es evitar que el cliente —la estación de trabajo siguiente— tenga que parar la producción por causa imputable a la estación anterior. Esta meta es el primer criterio para el próximo período de la estación de trabajo de «aguas arriba»: para el período de tiempo máximo disponible para entregar una orden cuando es inminente la interrupción de la producción. El tiempo disponible está visible en el tablero kanban: es la distancia que separa el indicador rojo de la altura máxima de la fila de tarjetas.

El segundo objetivo es limitar las cantidades de los artículos semiacabados. El nivel máximo que no debe excederse es visible como la altura total de la pila, que indica el número de tickets en circulación.

Son también visibles las reglas operativas del sistema. Para asegurar que cada uno puede verlas, algunas compañías imprimen las reglas con grandes letras sobre el tablero en el que se colocan las tarjetas: «No kanban , no producción.» «No contenedores sin kanbans.» «Colocar el número apropiado de artículos en cada contenedor.»

Cada persona participa

La palabra «participación» significa que cada uno puede ver exactamente como opera el sistema kanban. Cada uno entiende sus objetivos, requerimientos y reglas. Cada uno llega a capacitarse para participar en las decisiones diarias (empezar la producción de acuerdo con los números de tarjetas) y en las discusiones relacionadas con los criterios para dichas decisiones.

Por ejemplo, si el tiempo preciso para cambiar el útil, en una máquina acaba justamente de reducirse, remover del sistema algunas tarjetas kanban es incuestionablemente una de las opciones del supervisor de la unidad (para reducir el stock de artículos semiacabados). No obstante, el supervisor no adopta esta decisión sin la participación de la persona normalmente asignada a la estación de trabajo.

En contraste, si una máquina no es digna de confianza, el supervisor de la unidad puede añadir varias tarjetas para ganar un margen de seguridad. En cada caso, los empleados involucrados toman parte en la ponderación de las decisiones.

VUELTA A LOS PROGRAMAS DE PARED

El kanban es un método de control altamente descentralizado y usualmente simple, pero su aplicabilidad está limitada a procesos logísticos esencialmente continuos —productos estándares con una demanda regular. Para comprender el control visual en situaciones que requieren una programación más compleja, consideremos la situación de una unidad «job shop» que fabrica pequeñas cantidades de diversos artículos.

En su planta de Cholet, Francia, Ernault Toyota produce maquinaria controlada digitalmente y sistemas de mecanizado. El proceso de producción para una máquina dada es relativamente complejo, pero tiene dos fases principales: mecanizado de componentes y ensamble de los mismos. Examinaremos la unidad de producción en la que se mecanizan las piezas. Observemos que en una unidad de producción en pequeños lotes, las mismas máquinas no pueden estar asignadas permanentemente a los mismos artículos. Cada máquina debe trabajar en sucesión en muchos artículos diferentes.

El problema de la programación es similar al problema de conducir un automóvil a través de una ciudad —hay numerosos cruces o intersecciones. En una fábrica, es difícil crear un programa detallado de flujos de piezas, y frecuentemente resulta un problema fijar plazos de producción. La situación difiere significativamente respecto a las reglas simples que gobiernan la aplicación de un método tal como el kanban.

De acuerdo con el director de operaciones de planta, la unidad de mecanizado tenía dificultades para cumplir los plazos de ejecución especificados. Conocer cuánto tiempo se necesitaría para empezar una determinada producción era casi imposible. Por tanto, se había desarrollado la tendencia de planificar mas output del necesario. Este enfoque ofrecía un «buffer» de seguridad, pero también creaba retrasos; conforme se acumulaba el trabajo en proceso, el cumplimiento de los plazos se hacía enteramente imprevisible.

«Nuestras órdenes de producción señalaban fechas», me decía el director de operaciones, «pero las fechas se contemplaban más como deseos que como compromisos. Recuerdo el día en que pregunté al supervisor de la unidad porqué una serie de producción particular se habia retrasado dos semanas. Completamente tranquilo, me replicó, "¿porqué?, esto es normal. Nadie se ha quejado de eso antes".»

Ayudas visuales

Los plazos de ejecución no cumplidos pueden ser casi familiares para algunos lectores. El director de operaciones de Ernault Toyota describió cómo la planta había superado el problema:

> El sistema se basaba en una lógica defectuosa. La cambiamos enteramente. En vez de contemplar los plazos de ejecución como consecuencias de las operaciones de la unidad de producción, las definimos como reglas a obedecer.
>
> Otorgamos a la unidad de mecanizado una cierta cantidad de discrecionalidad para organizar la programación de sus máquinas, gestionar las prioridades, y asignar los recursos. A cambio de más au-

tonomía, la unidad de mecanizado se comprometió a un intervalo marco de tiempo de diez días entre sus procedimientos iniciales y finales[1].

Tan pronto como se establecieron contractualmente responsabilidades precisas, la unidad estimó necesario indicar el estatus de la producción en un formato explícito. Esta es la razón por la que reaparecieron en el área de trabajo los programas de pared (véase figura 4-3).

La comunicación con nuestras unidades de producción ha cambiado completamente. Ya no nos satisface tener planes diseñado por una oficina que se ve a sí misma como el cerebro de la compañía. Las situaciones se discuten en las áreas de trabajo por el personal que trabaja en la producción. Estando delante de los gráficos, todos tienen acceso a la misma información.

Los resultados han satisfecho nuestras más elevadas expectativas. Después de varios meses, el marco de tiempo se ha reducido a diez días, mientras previamente la media se elevaba hasta treinta días (Figura 4-3).

Son claras las ventajas de esta nueva distribución de responsabilidades. Los marcos de tiempo se cumplen; la unidad central de programación ya no precisa supervisar en detalle el progreso de las operaciones. Confía en el equipo de la unidad de mecanizado. A la unidad de programación meramente se le informa de los retrasos potenciales y de las sobrecargas. Puede controlar por excepción —esto es, solamente en situaciones que se desvían fuertemente del estándar.

---

[1] En vez de comprometerse con un plazo de ejecución final, la unidad seleccionó un intervalo marco de tiempo entre los procedimientos inicial y final. La distinción es fundamental, porque una unidad de producción no puede prometer el mismo plazo de ejecución cualesquieran sean las cantidades de órdenes recibidas. Si la carga de trabajo asignada a una unidad se ajusta a su capacidad, el equipo puede seriamente comprometerse a un período de flujo y honrar su compromiso. Por tanto, la unidad de programación resulta responsable de asegurar que las cargas de trabajo no excedan la capacidad de producción. Las ordenes colocadas a la izquierda de la fecha en la parte izquierda del gráfico indican los excesos de carga de trabajos posibles (véase figura 4-3).

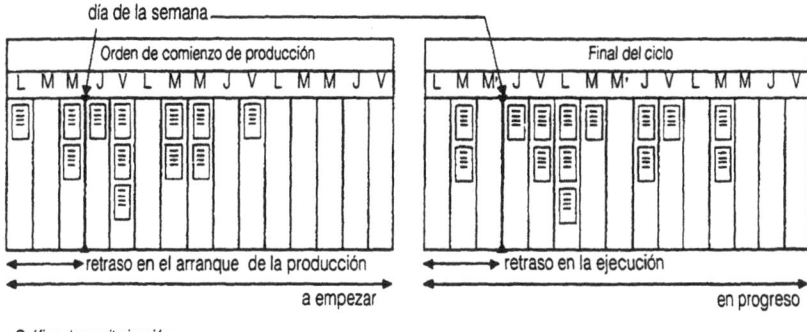

Figura 4-3. Programación de órdenes de mecanizado, fábrica de Ernault Toyota, Cholet, Francia. El gráfico tiene dos secciones, siendo cada una un calendario que representa el mismo período de dos semanas.

Las órdenes de producción (tickets emitidos por la unidad de ensamble) están colocadas en el lado izquierdo del gráfico, en la columna para el día especificado para la primera operación de cada orden. Cuando esa operación ha tenido lugar, el ticket se mueve hacia el lado derecho, dentro de exactamente diez días (el período estipulado). Este gráfico es de interpretación especialmente fácil.

• Los tickets del gráfico de la parte izquierda del gráfico indican las órdenes que no han arrancado aún: la carga de trabajo para los días siguientes. Los tickets a la izquierda de la fecha actual (marcada con una línea roja) indican un retraso en el comienzo de la producción.

• Los tickets en el gráfico de la parte derecha indican las órdenes en progreso. Las órdenes que aparecen a la izquierda de la línea que marca la fecha debían haberse acabado ya. Estas órdenes están retrasadas.

El gráfico se emplea para identificar las órdenes en progreso que probablemente se retrasarán. Detectar los retrasos implica verificar las fechas de terminación de procesos críticos que marcan hitos.

Tres reglas para el control visual

El caso del taller de mecanizado de Ernault Toyota es especialmente relevante porque, al contrario que con el kanban, no incluye un sistema de adopción de decisiones plenamente visual. El estatus corriente de las fases de producción no se detalla en el gráfico para cada máquina. El ordenador retiene su función como ayuda para programación. Solamente son observables los resultados finales. No obstante, este sistema es un control visual de la producción, que mantiene las tres reglas desarrolladas en la discusión del kanban:

1. En cualquier momento, una ojeada al gráfico da a cualquiera una idea de la situación actual en relación al estándar. Es suficiente consultar el gráfico para las órdenes retrasadas. Es suficiente también una ojeada para determinar la carga de trabajo corriente, particularmente, órdenes que deben comenzar, así como la porción de la producción que está retrasada.
2. Son visibles las reglas del control visual de la producción. En este caso, la regla es respetar el marco de tiempo establecido de diez días entre los pasos inicial y final en la producción de un lote dado, y evitar que el trabajo en proceso se acumule en exceso por encima de un nivel especificado.
3. El equipo de mecanizado participa en el control logístico. En primer lugar, está involucrado en las operaciones diarias, porque cumplir con el marco de tiempo es una de sus metas, a la par con la calidad y la productividad. Además, el equipo está implicado en evaluar la efectividad del sistema de control. El marco de tiempo no es una obligación que impone una unidad de programación central de un modo unilateral. El marco de diez días es resultado de un consenso.

Resumen

La variedad de situaciones en el campo de las operaciones hace arriesgado definir con generalidad el control visual de la producción. Los dos ejemplos expuestos identifican una variable y una constante:

- La variable es la amplitud con la que la exhibición de información juega un papel en el proceso de toma de decisiones. Se da un control visual del stock cuando éste se regula con un método de dos compartimentos o cajas. Pero también se produce un control visual, cuando se muestra un programa de producción generado por ordenador (Figura 4.7).
- La constante es la naturaleza de la relación entre empleados y el sistema de operaciones. Esta relación se resume en las tres reglas fundamentales para el control visual de la producción (Figura 4-4).

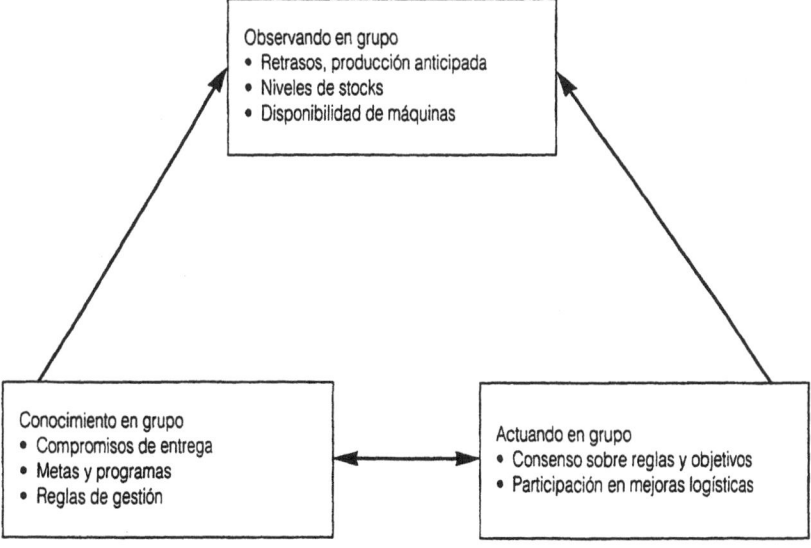

Figura 4-4. Control visual triangular

El control visual de la producción es menos una cuestión de algoritmos que de comunicación. Si el programa de producción de pared de Ernault Toyota permanece en la oficina del supervisor, ya no hay control visual. Si un empleado de almacén recibe instrucciones para pedir artículos de acuerdo con los niveles de stocks visibles en los estantes, pero olvidamos pedirle que marque los estantes con los puntos de reaprovisionamiento que aparecen en la lista que guarda celosamente en su bolsillo, ya no se produce un control visual de la producción.

Cuando las fábricas eliminaron los programas de pared y se orientaron a los ordenadores, cometieron un grave error. Los gráficos eran instrumentos para la formulación de decisiones. Olvidamos que eran también instrumentos de comunicación y símbolos.

En el pasado, la mayoría de las compañías ha considerado solamente los aspectos técnicos de los problemas logísticos. La dimensión de las comunicaciones estaba completamente oscurecida[2]. El control visual de la producción introduce innovativamente una función para la comunicación entre los seres humanos y el sistema logístico en la planificación industrial.

Actualmente, muchas compañías están intentando seguir la ruta de la comunicación visual. Están descubriendo ventajas: simplificación de los sistemas de control de la producción, distribución de responsabilidades más eficaz, mayor coherencia en la adopción de decisiones, y efectividad en términos de programación. La parte remanente de este capítulo describe procedimientos prácticos que permiten la aplicación de este enfoque. Estos procedimientos se organizan en seis fases:

- Creación de un consenso.
- Definición de objetivos prioritarios.
- Descentralización del sistema de adopción de decisiones.

---

[2] Un ordenador es un instrumento valioso para la comunicación individual, pero no para la comunicación de grupos —la falta de un ·interface· público. Cuando los ordenadores pueden ofrecer una visibilidad ampliada (muestra de datos en paneles iluminados, gráficos para stocks y flujos), jugarán una función mayor en el control visual de las unidades de producción.

* Creación de programas visuales.
* Selección de métodos simples.
* Exhibición pública de resultados.

CREACION DE UN CONSENSO

La actividad principal de France Abonnements es ofrecer suscripciones de periódicos al público en general a tasas reducidas. El centro de Chantilly, Francia, procesa los registros administrativos. Sin embargo, sus problemas de cumplimiento de plazos son completamente similares a los de una compañía industrial. Como en una fábrica, factores aleatorios pueden afectar el flujo de los registros administrativos: la imprevista llegada de una oleada de nuevos ficheros, falta de personal, cuellos de botella, archivos de suscriptores incompletos, etc.

Como cualquier compañía que crece, France Abbonnements experimentaba problemas de retrasos en períodos particulares. Algunas veces transcurrían más de dos semanas entre la llegada de un fichero particular y su actualización, mientras otros ficheros podían procesarse en pocos días, sin que nadie supiese exactamente porqué. Michele Pilhan, director del departamento, decidió que los retrasos solamente podrían resolverse si se estebleciese un límite:

Es inútil decir: «Mejoraremos nuestros plazos.» Debe fijarse una meta precisa, y deben preverse los medios para lograrla. Después de consultar con los directores de departamento (durante varios meses), se estableció un plazo de procesamiento de dos días. Durante la fase de preparación, se realizaron numerosos contactos informales con todo el staff.

Ese punto requiere la mayor atención. Nuestro razonamiento se basaba en que tenía que satisfacerse a los clientes. En nuestro negocio, un suscriptor satisfecho, a menudo significa dos nuevos suscriptores. Discutiendo sobre estos temas, cada uno llegó gradualmente a concienciarse de que procesar en plazo era una meta estratégica para el futuro de nuestra compañía.

Se hicieron arreglos para asegurar que el plazo de ejecución de dos días pudiese realmente cumplirse. Después de todo, era esencial no arriesgarse a fallar. Cuando todo estaba completamente preparado, tuvimos una reunión general. Se declaró oficialmente el plazo de dos días como meta de plazo de procesamiento. Esta meta parecía ambiciosa, y algunas personas tenían dudas sobre el éxito del programa. Sin embargo, se preparó a cada uno a perseguirla y para aceptar la idea de cambiar nuestros viejos hábitos.

Para ilustrar esta decisión, y ofrecer una imagen concreta del compromiso, creamos dos etiquetas engomadas. Estas etiquetas se adhieren a cada contenedor de ficheros de suscriptores. Una indica la fecha meta en grandes números. Por tanto, cada uno puede ver si se cumplirá o no una fecha comprometida dada. La otra etiqueta muestra un símbolo del compromiso colectivo (véase figura 4-5).

Este método esencialmente me libera de una preocupación —monitorizar los plazos de ejecución. La mayoría de los pasos necesarios se realizan por el propio staff ejecutor. No solamente se satisface regularmente el plazo de dos días, sino que ha llegado a ser tan habitual que nadie podría decir: «Hay un problema, pero no de-

Figura 4-5. Gavetas de ficheros en la instalación de Chantilly de France Abonnements. Las etiquetas adheridas a las gavetas indican la fecha y el material colocado en la gaveta y reafirman el compromiso de la compañía de responder en el plazo de dos días

masiado malo, va a haber un pequeño retraso». Esto sería tan ina-
propiado como enviar intencionadamente correspondencia a una dirección incorrecta.

El ejemplo de France Abonnements demuestra que aplicar un
sistema de comunicación visual para gestionar registros —mostrando la meta de dos días sobre las gavetas y verificando visualmente el flujo de registros— es el resultado de realizar cuidadosas
preparaciones. La dirección de la compañía no se ha limitado meramente a ordenar las etiquetas engomadas y a decorar cada gaveta. Antes de lanzar el programa, ha convencido a los empleados
que el plazo de ejecución meta era crucialmente importante para
la compañía.

La muestra pública de la información jugaba un solo papel
porque se había creado un consenso antes de que empezase el
programa. La adherencia de etiquetas que indicasen «dos días para responder» sin un acuerdo previo habría sido inútil.

DEFINICION DE OBJETIVOS PRIORITARIOS

Cuando un director de marketing envía un programa a un director de producción, indica las cantidades a producir de cada elemento para ciertas fechas. Sin embargo, la comunicación no se limita a los números. Existe entre los dos una comprensión implícita
del significado de los números, como resultado de su relación de
trabajo.

Sin que sea necesario especificarlos, estos directores saben cómo distinguir entre lo indispensable y lo meramente deseable, y
entre los artículos que pueden causar dificultades en los mercados
de exportación en caso de retrasos y los artículos que permane-
cerán en los stocks de la compañía durante un extenso período. Si
deben cambiarse las prioridades, nada impide que se comuniquen
por teléfono para modificar programas. Su mutuo conocimiento
del contexto complementa la información inicial y les permite in-
terpretarla apropiadamente.

La situación es diferente cuando se publican programas en las áreas de trabajo. Son visibles los números en bruto. Cuando se cuelga un programa sobre una pared, cada persona lo entiende a su propio modo. El autor está ausente y no puede influir en el proceso de interpretación.

Sin embargo, las interpretaciones pueden ser absolutamente dispares. Cuando el texto dice: «Meta: producir 400 ítems en un día», ¿qué significa?

- ¿Es un deseo piadoso que intenta estimular los esfuerzos más intensos, incluso aunque cada uno sabe que el programa es siempre superlativamente ambicioso?
- ¿Es un número que debe normalmente superarse, con una prima como estímulo?
- ¿Es una meta que puede ignorarse si es necesario, como resultado de consideraciones financieras (no parar la sección de mecanizado, dar prioridad a la fabricación de productos con mayor valor, etc.)?

Tres reglas de oro para los objetivos expuestos

Si persisten las ambigüedades sobre el significado de la información mostrada públicamente es imposible movilizar a un grupo. Cada persona que lee un número de un gráfico debe percibirlo del mismo modo y creer que existe la misma percepción en el grupo entero. Se requieren tres condiciones para este grado de apreciación uniforme:

1. El objetivo debe ser realista. Debe ser conseguible en términos de los recursos disponibles y de las reglas de la organización.

¿Cómo puede motivarse a un grupo mostrando niveles de productividad que en la mayoría de las situaciones son inalcanzables? Nada se logra mostrando públicamente una cantidad que se pone a prueba cada día porque una unidad anterior del proceso no está entregando componentes aceptables, o porque los procedimientos de inspección están dando el alto a entregas cuestionables.

Si una unidad de producción es incapaz de cumplir una meta dada, es mejor no mostrar públicamente cualquier meta. Como mínimo, las propiedades simbólicas del espacio visual (el sentimiento de estar confrontados con la realidad, descrito en el capítulo 1) debe preservarse para el futuro[3].

2. El objetivo debe definirse precisamente, con un nivel predeterminado de precisión.

En la gestión tradicional, una meta de producción se entiende siempre como «cuanto más haga, mejor». En una organización visual este no es un buen mensaje, porque no puede entenderse del mismo modo por cada uno.

La comunicación visual necesita ser inequívoca en su contexto; de otro modo no es un lenguaje común. Si se muestra una meta, debe alcanzarse —ni más, ni menos[4].

3. Finalmente, los objetivos a mostrar públicamente deben estar incluidos entre los objetivos prioritarios que guían la organización en su conjunto. Las consideraciones financieras de cada ejecutivo particular (reducción de costes de materiales, uso eficaz del personal, valor añadido óptimo) no deben interferrir con los programas aprobados.

Claramente, estas justificables consideraciones existen en cada compañía. Las consideraciones financieras deben tenerse en cuenta antes de mostrar públicamente metas cuantitativas, no después.

---

[3] Este requerimiento —mostrar solamente objetivos razonables— se examinará en relación a los indicadores de rendimiento en el capítulo 6.

[4] Las posibles mejoras deben precederse de la modificación de las metas. Los especialistas de producción japoneses dan un fuerte énfasis a la necesidad de estabilizar el sistema operativo en relación a un objetivo razonable antes de introducir objetivos más ambiciosos. Antes de llevar una meta más allá, es necesario primero aprender cómo machacar el «ojo del toro».

Para que sea eficaz la muestra pública de información, deben estar visibles todos los elementos de un problema. En otras palabras, cualquier cosa que se muestre debe siempre ser más importante que la información no publicada.

Una transformación cultural

Estas tres reglas muestran la similaridad entre una cantidad de producción exhibida públicamente y un estándar de calidad. Similarmente a una especificación de calidad (dimensiones y tolerancias de piezas mecanizadas, por ejemplo), los números de un gráfico deben ser simultáneamente realistas, precisos y tener alta prioridad.

La mayoría de las compañías no aceptan la idea de que los plazos de ejecución, programas, y stocks de trabajo en proceso sean estándares. En vez de ello, las personas tienden a decir: «Debe tenerlo terminado tan pronto como sea posible», o «¿Plazo de producción? Depende, es difícil precisarlo», o «¿Trabajo en proceso? Es imposible planificarlo. Hay muchos factores incluidos.» No solamente faltan las intenciones de lograr un estándar para las cantidades producidas por las unidades individuales, sino que hay esfuerzos para hacer exactamente lo opuesto. A través de la planta entera, el personal evade regularmente los estándares para mejorar el output de las estaciones de trabajo individuales.

Las compañías que muestran públicamente información logística han adoptado un enfoque enteramente diferente, como en el caso de France Abonnements. Imagine que a un nuevo empleado que pregunta sobre el significado de las etiquetas engomadas colocadas sobre las gavetas se le contestase: «¡Oh, eso! El anterior director de marketing las puso ahí para que los ficheros se moviesen más rápidamente, pero ese método nunca ha trabajado muy bien. Desde que cesó ese jefe, se emplean justamente para decoración.»

El control visual de France Abonnements tiene éxito solamente porque los empleados hablan de él de un modo enteramente diferente. A un empleado nuevo se le dice: «Puede ver lo que se indica en cada gaveta. La regla de la casa es que los ficheros deben estar procesados en dos días.» Si en sólo unos pocos días un empleado nuevo comprende que el sistema de procesamiento de ficheros se ha diseñado para este propósito y que todo el staff intenta cumplir esa meta, entonces la meta pública es verdaderamente un estándar.

Los empleados nuevos reconocen inmediatamente que están trabajando para una compañía en la que los mensajes no se muestran meramente por las apariencias. Si las etiquetas permanecen pegadas a todas las gavetas, es porque se han creado las condiciones para que la meta de «respuesta en dos días» sea al mismo tiempo factible y obligatoria.

Por tanto, un principio fundamental fundamenta el término «estándar»: las metas deben mostrarse solamente cuando es posible que dicha meta alcance el estatus de punto de referencia colectivo. Un punto de referencia claro debe estar exento de ambigüedad y arbitrariedad, y estar aceptado por cada uno. El fallo respecto a estos requerimientos —publicando mensajes sin facilitar una clave decodificadora— es como instalar un reloj en un área de trabajo con un horario cambiado.

DESCENTRALIZAR EL PROCESO
DE ADOPCION DE DECISIONES

Se describió anteriormente la manera en la que se utiliza un programa de pared para la planificación en la unidad de mecanizado de Ernault Toyota en Cholet, Francia. El ejemplo siguiente describe métodos de control del stock para ciertos componentes que esperan en el ensamble (Figuran 4-6).

Hasta hace pocos años, los componentes se guardaban en un almacén central. Actualmente, la mayoría de ellos se almacenan cerca de las líneas de ensamble. Las instrucciones para la unidad de mecanizado de un proceso de fabricación dado se colocan en el lateral de cada casillero; estas instrucciones están en un ticket

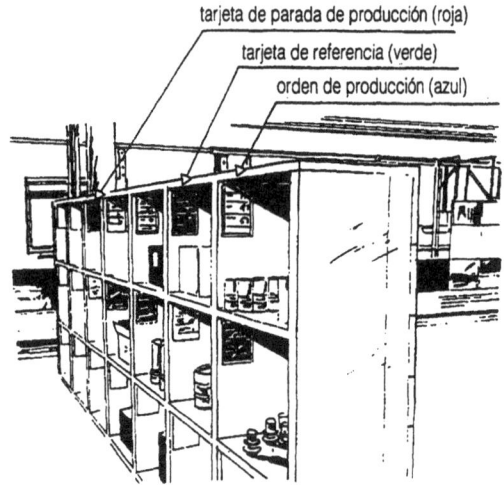

tarjeta de parada de producción (roja)

tarjeta de referencia (verde)

orden de producción (azul)

Figura 4-6. Control descentralizado del stock en el área de ensamble de la planta de Ernault Toyota, Cholet, Francia.

azul. Un ticket verde se coloca como precaución detrás del ticket azul. El ticket verde contiene designaciones para diferentes elementos así como los parámetros que definen las reglas de control del stock: el punto de reorden o nivel al que deben quedar los suministros antes de emitir una orden de reaprovisionamiento, la cantidad a pedir y los tramos de tiempo. Cuando un ensamblador extrae elementos del stock de reserva (del fondo del estante, separados de otros componentes), el ticket azul debe enviarse a la unidad de mecanizado, este ticket se coloca en el tablero de la figura 4-3. Si los suministros han llegado a un nivel cero, el ensamblador debe girar sobre sí misma la tarjeta verde; el otro lado es rojo.

Este sistema de control del stock cumple los tres requerimientos básicos para el control visual:

- La regla para iniciar una orden es visible: se escribe sobre el ticket verde, que permanece en el estante. Cualquiera que pase por allí puede informarse y determinar si la regla se está aplicando.

- Se da un alto nivel de implicación de los empleados. El personal de ensamble es responsable de monitorizar el stock, enviando tickets, y alertando al director de operaciones en ciertas situaciones predeterminadas. Si deben cambiarse las reglas de control del stock (por ejemplo, para elevar el nivel del stock mínimo), el personal de ensamble participa en la decisión.

- Es difícil imaginar un sistema más visual. Pasando por delante de los estantes, cualquiera puede determinar inmediatamente las condiciones generales de los stocks. Muchos tickets azules indican que se está elevando el nivel del stock. Si hay más tickets verdes de lo usual, el nivel del stock está disminuyendo. «Ver rojos» es una señal de alarma: el nivel del stock ha entrado en una fase crítica y la unidad de mecanizado no está cubriendo las necesidades de la unidad de ensamble.

El punto de vista del supervisor

Consideremos la opinión del jefe del equipo de ensamble respecto al funcionamiento del nuevo sistema de control del stock:

Anteriormente, el ordenador emitía una lista para el almacén. En ciertas ocasiones recibía grandes cantidades de componentes y los trabajadores preguntaban: «¿Dónde podemos poner toda esta montaña de componentes?» Entonces tenían que trasladarse los palets, y algún stock tenía que almacenarse en islas.

En otras ocasiones, como el almacén estaba desbordado con diversas órdenes para un mismo día, no recibía lo que había pedido. Tenía que ir en persona al almacén y esperar a que se me sirviese. Entonces, como las piezas estaban todas juntas mezcladas en el mismo cesto, a veces descubría errores en la orden y tenía que volver al almacén para buscar las piezas omitidas.

Ahora ha cambiado el procedimiento. Cada estación de trabajo se responsabiliza de su propio stock. Recuerdo que al principio los trabajadores eran más bien reacios. Decían: «Quiere que estemos pendientes del almacenaje para hacernos resposables», pero después de unos pocos meses de operar de este modo, comprobaron que las cosas transcurrían con mayor regularidad. Este es un sistema práctico, visible que funciona independientemente. y una ventaja clara es que los trabajadores asumen la responsabilidad de sus propios suministros.

Antes, entre el tiempo gastado buscando piezas y en rellenar papeles, no eramos capaces de atender a los problemas inmediatos y a organizar nuestro trabajo. Ahora, no se me interrumpe nunca, y puedo dedicar mucho más tiempo a las cuestiones técnicas y las mejoras.

Una cuestión de confianza

A menudo surge una fuerte objeción cuando una compañía está considerando las precondiciones necesarias para descentralizar el control del stock en las unidades de producción. «Los trabajadores asumirán demasiadas cosas al mismo tiempo. Cometerán errores con la codificación. Las piezas buenas se mezclarán con las malas. Se producirá un caos completo. ¿Porqué tienen que gestionar el stock?»

Muchas compañías son reacias a descentralizar las funciones operativas. Prefieren mantener procedimientos administraticos engorrosos en vez de permitir que las unidades de producción gestionen parte de su propio control del stock. Cuando se pregunta a los directores sobre las razones de esa actitud, a menudo citan la falta de confianza.

Similarmente a lo descrito de la fábrica de Ernault Totyota, muchas otras fábricas prueban que tales aprensiones están infundadas. La comunicación visual juega un papel decisivo en un proceso que contribuye a restaurar la confianza. Principalmente están implicados dos factores.

El primer factor es la simplicidad de la comunicación. El empleo de puntos de referencia concretos, símbolos vivaces, colores y similares reduce los riesgos de errores no intencionales.

El segundo factor concierne a los errores que pueden ser intencionales o que sean consecuencia de negligencias. Si la regulación de los sistemas y los métodos de monitorización están bien planeados, las señales que expresan reglas y los modos para seguirlas serán extremadamente claros. Las personas temen que se las descubra faltando a reglas que se exhiben públicamente en áreas comunes. Sienten temor a que se las excluya del grupo porque las violaciones —que difícilmente podrán ser consideradas involuntarias, dada la excepcional claridad de las señales— desafían a las reglas básicas que gobiernan el territorio visual.

Con esta forma de organización pública, como sucede con los mecanismos para mantener el control del tráfico en ciudades y carreteras, la autonomía depende del cumplimiento absoluto de las reglas visibles. Como en un espacio urbano, la organización visual dentro de una planta establece un contexto favorable para el auto-control colectivo, creando por tanto condiciones para funcionar de forma más descentralizada[5].

CREACION DE PROGRAMAS VISUALES

Cuando una compañía opera en base a cantidades de producción programadas para un período dado, en vez de por órdenes de despacho, debe indicar públicamente las cantidades requeridas y las producidas realmente, en lugar de indicar las fechas en la que tendrá que completarse una serie de producción.

La siguientes recomendaciones se relacionan con el diseño de los medios de muestra pública:

---

[5] Las señales visibles que expresan las reglas del espacio urbano son eficaces incluso en la ausencia de buena voluntad. ¿Porqué obedecen las personas las luces de tráfico por las noches, incluso cuando no hay coches en los cruces de calles? Porque dichas señales constituyen un atributo del espacio urbano. No hacer caso de una luz roja no es meramente desobedecer una ley abstracta, es también negar que una ciudad es un espacio público.

- Los gráficos que indiquen las cantidades requeridas y completadas deben situarse en el espacio del equipo. Estos gráficos deben ser visibles no sólo para los trabajadores de la unidad, sino también para cualquiera que pase por el lugar.
- Los mensajes deben ser tan claros como sea posible. Los colores deben emplearse con eficacia. Por ejemplo, las metas pueden expresarse en azul y los niveles de ejecución en rojo. Los números deben destacarse con claridad.
- Para simplificar el proceso, es aconsejable una distribución preordenada, con columnas, titulares y espacios predeterminados. Cuando ciertas entradas o símbolos reaparecen regularmente, colóquelas sobre tarjetas magnéticas que puedan reordenarse.
- Preste considerable atención a la apariencia, formato, y colores de diferentes partes del gráfico. Recuerde que un programa simboliza la contribución de un equipo al objetivo estratégico de la compañía: servir mejor a sus clientes.
- Seleccione indicadores o símbolos de reconocimiento, para enfatizar más efectivamente el cumplimiento de objetivos. En algunas compañías, cuando se alcanza un estándar se coloca un sol, una estrella o una etiqueta de colores como medio de estímulo positivo.
- Los empleados deben participar en el diseño de gráficos. Un pequeño grupo de estudios puede asumir la responsabilidad de esta actividad, ayudado por los departamentos apropiados.
- Finalmente, un equipo debe anotar en el gráfico sus propios números. «Por nada del mundo, los trabajadores deberían tener derecho a registrar sus resultados en el gráfico», era la opinión de un director de Ernault Toyota. «El momento en el que un trabajador adhiere una etiqueta amarilla sobre el gráfico para confirmar que se ha cumplido el programa es ahora parte de la rutina diaria. Un número que anota desmañadamente un miembro del equipo es mucho más relevante para el propósito pretendido que un documento superlativamente sofisticado producido por una impresora.»

programa diario
producción diaria

Figura 4-7. Programa semanal en la fábrica de Carros, de Télémécanique.
Los equipos de producción son responsables de monitorizar el programa semanal. Breves reuniones diarias permiten revisar el programa y crear consenso para las medidas necesarias.

SELECCION DE METODOS

Los ejemplos de este capítulo son tan simples que uno se
asombra de porqué las compañías no han aplicado estos métodos
antes. Pero la simplicidad no es fácil de obtener, sea desde el punto de vista de la organización (puesto que generalmente requiere
descentralizar), o desde el punto de vista de la cultura corporativa. Imagine la reacción de un ejecutivo occidental de los años 70
al escuchar una propuesta sobre cómo gestionar una planta utilizando un método kanban.

Solex ofrece un ejemplo de procedimientos de control visual
simple. Anteriormente, todos los compoenentes de carburadores
se guardaban en un almacén. Para satisfacer las necesidades de las
unidades de producción, Solex establecía lotes en los puntos en
que daba comienzo la producción. Por tanto, las entregas masivas
a cada unidad de producción atestaban las áreas de los alrededo-
res de los puntos de ensamble. Adicionalmente, si cambiaba el

Figura 4-8. Planta de Citroën en Caen. Cuando se precisa aceite, la orden se emite cuando el operario mueve el disco suspendido de una pequeña cadena de la placa que indica los requerimientos de aceite. Entonces el trabajador del almacén ejecuta la entrega durante sus rondas ususales.

La parte inferior izquierda del gráfico indica el significado de los símbolos utilizados sobre las máquinas (vaciado, lubricación manual, calibre de presión, etc.). Las tarjetas confirman las entregas para propósitos administrativos. El poster de seguridad en la parte inferior derecha avisa sobre lubricación mientras la máquina está en operación.

programa, los elementos no utilizados tenían que devolverse al almacén.

Actualmente, las estaciones de ensamble almacenan componentes en pequeñas unidades sobre rodillos que contienen numerosos compartimentos, con dos compartimentos idénticos para cada componente. Cuando un compartimento está vacío, se devuelve al almacén para que se llene. Este procedimiento sim-

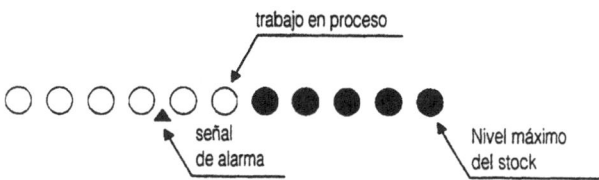

Figura 4-9. Planta de Hewlett-Packard en Cuppertino, California. Este gráfico regula el flujo entre la unidad que fabrica placas de circuitos y la unidad que
ensambla subsistemas. Hay varias filas horizontales de discos magnéticos, con
una de ellas para cada código de pieza de subensamble. Cada disco representa un grupo de placas necesarias para preparar un ensamble. El disco tiene dos lados, rojo y verde. Cuando se comienza una serie, está visible el lado
rojo de cada disco. La unidad de producción fabrica las primeras placas de
acuerdo con el programa computerizado.

Cuando está listo un grupo de placas, la unidad producrora de placas da la
vuelta al disco de forma que se pone de frente el lado verde. La unidad que ensambla subsistemas verifica regularmente el gráfico para determinar la disponibilidad de matriales, de acuerdo con los discos verdes. Cuando se toma para subensamble un lote de placas de circuitos, se da la vuelta al disco para
hacer visible el lado rojo. Al mismo tiempo, se envía al almacén una orden es-
tandarizada para indicar la preparación de kits de componentes para ensamble
de placas. Todos los flujos se registran en un ordenador.

Este sistema es similar al kanban pero está mejor ajustado a la producción
en pequeños lotes bajo programa.

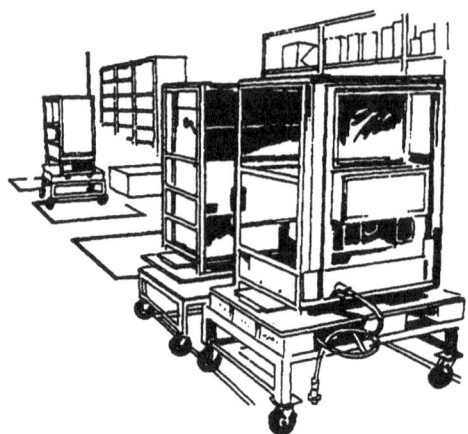

Figura 4-10. El método de los cuadrados kanban, Hewlett-Packard, Cupertino. Se denomina a este método «cuadrados kanban» porque los espacios marcados en el suelo juegan el mismo papel que tarjetas kanban en la autorización para producir a los procesos anteriores. Todos los sistemas a ensamblar deben colocarse sobre cuadrados marcados sobre el suelo. Cuando un equipo observa que está vacío un cuadrado, prepara los subensambles para el siguiente ordenador. Este simple concepto asume un enfoque de sentido común, similar a encontrar un hueco en el tráfico para hacer salir a un coche.

plifica el aprovisionamiento de las áreas de ensamble. No se producen problemas de paradas o aprovisionamientos en exceso porque los componentes se entregan sólo cuando se necesitan. El procedimiento es simple, e incluso los trabajadores nuevos pueden seguirlo sin error.

Este enfoque ha creado un control de stock bastante mejorado porque el personal del almacén ha ganado tiempo para aprovisionar componentes especiales con mayor precisión y prontitud.

EXHIBICION PUBLICA DE RESULTADOS

El sistema de Ernault Toyota para mostrar visualmente la iniciación del mecanizado de piezas incluye un gráfico que registra los niveles de resultados de la unidad sobre una base regular (Figura 4-13).

prensas de estampación

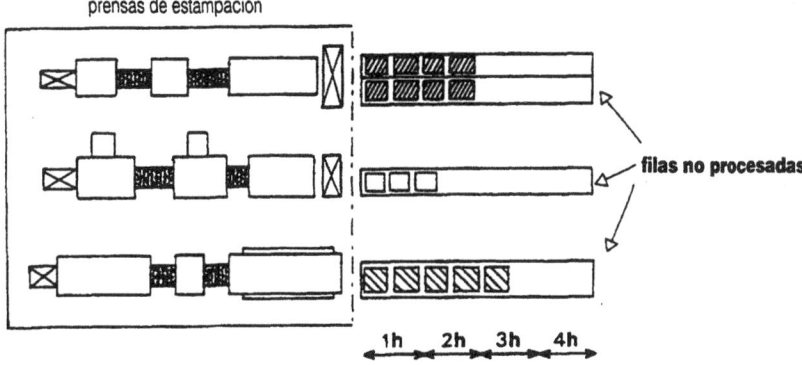

Figura 4-11. Unidad de estampación en la planta NUMMI, Fremont, California. Este sistema de comunicación se basa en posiciones de objetos sobre el suelo. Las cargas de acero para la unidad de estampación se colocan en la entrada del área donde están localizadas las prensas. Las anchuras de las áreas dejadas lateralmente para cada categoría de acero se seleccionan para corresponder a un suministro de acero de cuatro horas. El área ocupada por las planchas de acero no procesadas es por tanto proporcional a la tasa de flujo de stocks. Como el flujo puede monitorizarse, observanvo la cantidad de planchas de acero, cualquiera puede comprobar los niveles de stock.

Este documento es importante por varias razones. Primero, su existencia prueba que el plazo de ejecución es realmente un estándar. La compañía mide las desviaciones respecto al programa exactamente del mismo modo que mide las desviaciones respecto a los estándares de calidad del producto. Segundo, el gráfico permite evaluar la eficiencia del sistema operativo. Cada uno puede ver el grado con el que la unidad de producción cumple sus compromisos. Los empleados discuten esto regularmente. La simple reunión delante del gráfico les estimula a sugerir mejoras.

Finalmente, el gráfico forma parte de un acuerdo basado en la confianza. Tan pronto como un mecanismo de planificación se juzga es eficaz, el departamento de operaciones no precisa ya por más tiempo monitorizar estrechamente los hechos. El gráfico mostrará los niveles de rendimiento.

a) Con una escala de colores instalada detrás de las hileras, pueden determinarse visualmente los niveles de stock. Si no aparecen nunca la zona roja, hay exceso de stock.

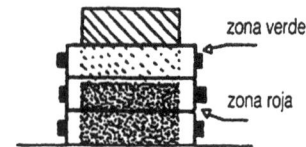

b) Los lotes que llegan al almacén se ordenan en áreas de tránsito de acuerdo con las fechas de llegada. Pueden detectarse entonces inmediatamente los retrasos en la recepción de artículos.

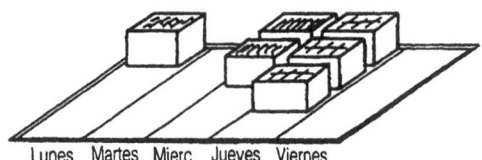

c) Cada semana se coloca un disco de color diferente en las tarjetas de identificación de contenedores cuando comienza la producción. Por tanto, las series de producción retrasadas se identifican inmediatamente.

d) La anchura del área asignada a cada categoría es proporcional a la cantidad vendida. Por tanto, la altura representa el período de flujo para el stock remanente. Las piezas que se están acercando a la señal de alerta pueden verse de una ojeada.

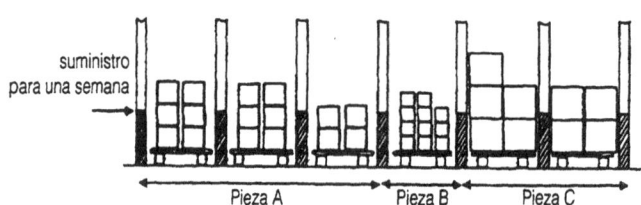

Nota: Estos ejemplos se ofrecen como ilustraciones. En la práctica, la aplicación requiere investigar por anticipado, porque depende de problemas logísticos específicos de la situación.

Figura 4-12. Varios modos de representar los flujos de producción.

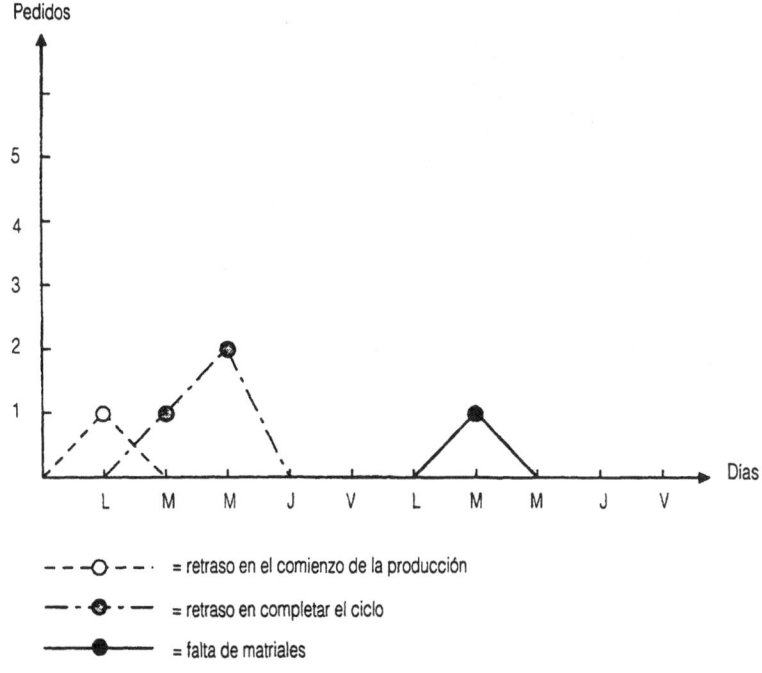

Figura 4-13. **Gráfico de retrasos para la unidad de mecanización de la planta Ernault Toyota.** Se monitorizan tres fuentes de retraso. Con ellas se forma la base para tres curvas de colores diferentes: retrasos de arranque, retrasos en completar una orden, y retrasos atribuibles a falta de materiales.

Figura 4-14. Gráfico de stocks en el área de almacenaje de componentes en la planta de Télémécanique en Carros. La curva de artículos indisponibles mide la eficacia del servicio ofrecido. El trabajador del almacén meramente registra los números de artículos que no pudieron suministrarse en el tiempo requerido durante un mes dado. Esta curva se muestra en el almacén. Cuando los supervisores tienen que discutir el problema de la indisponibilidad de artículos, pueden reunirse en el lugar del problema, con las partes principales interesadas. Si tienen que adoptarse decisiones, todas las partes pueden comprometerse.

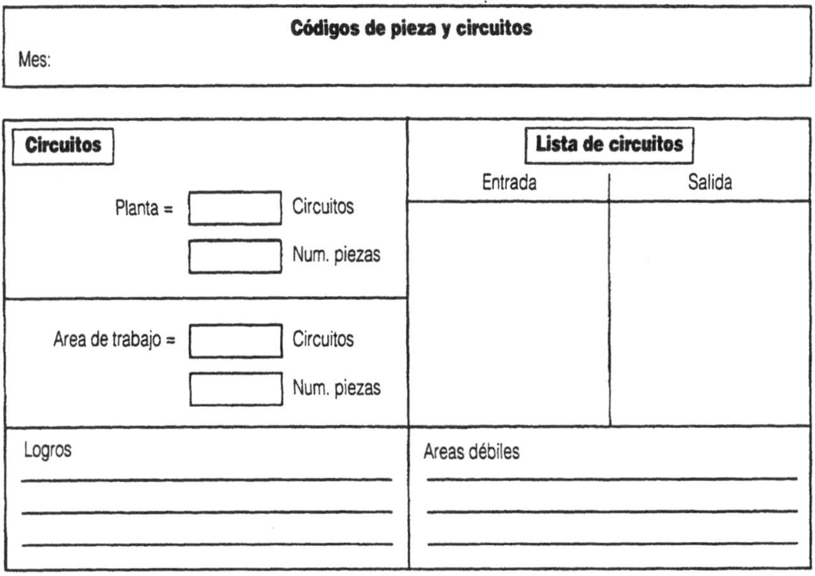

Códigos de pieza y circuitos

Mes:

Circuitos	Lista de circuitos

Planta = [   ] Circuitos

[   ] Num. piezas

Area de trabajo = [   ] Circuitos

[   ] Num. piezas

Entrada   Salida

Logros

Areas débiles

Figura 4-15. Gráfico para implantar un sistema kanban, planta de J. Reydel, Gondecourt. No es suficiente la introducción de un sistema kanban. Es aún necesario asegurar el control del sistema. Este gráfico que se pone sobre la pared en la unidad de producción pretende dicho propósito. Se anotan sobre una base regular los parámetros de control (números de rutas de kanban, números de categorías cubiertas por kanbans, localizaciones inicial y final de las piezas). También se registran los puntos débiles o problemas a resolver. Los resultados favorables se registran para ofrecer estímulo. Cada uno puede observar cómo progresa el proyecto kanban por toda la planta.

5
Control visual de la calidad

El director de una planta que fabrica electrodomésticos estaba aterrado por la cantidad de artículos que se desparramaban sobre el suelo en el área de trabajo. Estas pequeñas piezas de plástico se caían de las mesas de trabajo o de las plataformas. Aunque aún utilizables, estas piezas tenían como destino el depósito de desechos.

El director era consciente de la pérdida en dinero que representaban estos artículos. Intentó por todos los medios persuadir a los empleados para que cambiasen sus métodos —explicaciones al comité de personal, memorándums a jefes de departamento, y pósters colocados en las áreas de trabajo. Esperando ofrecer un buen ejemplo a los empleados, incluso pasaba a veces por la planta recogiendo piezas caídas, pero sus esfuerzos eran en vano. Sus palabras parecían flotar por encima de las cabezas.

Conduciendo su coche mientras se dirigía a su casa por la tarde, se le ocurrió una idea —una idea original y audaz, pero que pensaba que podría funcionar.

A la mañana siguiente, el director fue a un Banco y pidió 800 monedas. Cuando llegó a la planta, cruzó el área de trabajo dando grandes zancadas y, como un agricultor que siembra un campo, desparramó las monedas sobre el suelo.

Los empleados experimentaron una fuerte impresión, y pararon de trabajar. Los mandos intermedios se preguntaron si el jefe había perdido la cabeza. Mientras tanto, el director de la planta se dirigió plácidamente a su oficina. Veinte minutos más tarde, su secretaria le indicó que el área de trabajo estaba en plena agitación. Un grupo consistente en el director de producción, un supervisor y dos representantes de los empleados solicitaban una reunión.

Aceptó reunirse con ellos inmediatamente. Cuando cada uno se había sentado en su oficina, les dijo: «Acabo justamente de revisar los libros. Esas 800 monedas representan el coste diario de las piezas que terminan en el suelo. ¿Porqué no han venido a verme antes, cuando el suelo estaba cubierto con piezas, en vez de con monedas? El coste es exactamente el mismo.»

UNA PERCEPCION COMPARTIDA DE LA REALIDAD

Esta anécdota demuestra que nuestras percepciones de los fenómenos —y nuestras reacciones ante los mismos— dependen de nuestras interpretaciones. Cuando el director pasaba a través del área de trabajo con el suelo cubierto de piezas, veía monedas que iban a terminar en el basurero. Para los empleados que trabajaban en el área las piezas caídas en el suelo eran poco importantes. Los trabajadores habían dejado de prestarles atención, y de mirarlas siquiera.

La tarea más difícil es identificar anomalías, de acuerdo con el ingeniero industrial japonés Shigeo Shingo. Este describe una anécdota:

El eslogan «Eliminar el desperdicio» está colocado en muchas plantas que he visitado. En cierta ocasión, cuando vi este letrero, le pregunté al presidente de la companía si todos sus empleados eran idiotas.

«¿Porqué dice eso?» —respondió. Señalé al eslogan colocado en la pared.

«Pero, ¿no es algo bueno desembararzarse del desperdicio?» —pregunté. Le pregunté si el letrero estaba sobre la pared porque algunos trabajadores no eliminarían el desperdicio incluso aunque lo viesen.

«Me parece», —le dije—, «que en tanto que alguien percibe que algo constituye un desperdicio, lo elimina o se desembaraza de ello. El gran problema es no observar que algo realmente es despilfarro». El eslogan expuesto —le señalé— debería ser: «¡*Encuentre* el desperdicio!»

Lo que dice Shingo es correcto. Todos los que se han visto obligados a resolver problemas de desperdicio en un contexto operacional saben que la tarea más difícil, cuando surgen problemas menores de calidad o eficiencia, no es necesariamente resolverlos, sino verlos. Si resulta difícil verlos —la lección de la anécdota de las monedas— es porque hemos dejado de contemplarlos como problemas. Nos hemos acostumbrados a ellos.

Cuando no nos dejamos afectar por las cosas que observamos, cuando en una compañía la mayoría de las anomalías se consideran normales por la mayoría de los trabajadores, desde el máximo jefe a sus empleados, la compañía está en problemas.

COMUNICACION BASADA EN HECHOS

Hay muchos modos de asignar responsabilidades en una compañía: de acuerdo a los productos, las funciones, mediante una matriz, etc. No obstante la diversidad de opiniones de los expertos, solamente un modo consigue realmente la unanimidad. Este enfoque consiste en decir: «Cuando las cosas marchan bien, es por mi acción. Cuando no marchan bien, es por los fallos de otros.»

¿Cómo podemos pedir a alguien que observe la realidad —específicamente la realidad que emerge de resultados desfavorables— si la reacción instintiva es considerar que uno mismo no está implicado? ¿Cómo responderían los empleados en la planta que visitó Shingo si se sintiesen molestos cuando viesen paneles en los que se leyese: «Encuentre el desperdicio»? Antes de introducir un sistema de control visual, hay que adoptar cuidadosas medidas para promover una discusión tranquila.

La meta es introducir un modo de comunicación más objetivo

y menos «localizador de fallos» en las áreas de trabajo. Debemos crear una comunicación basada en hechos, no en fallos.

Esta observación no implica que desaparezca el hecho de reprender, ni que no deba invocarse nunca la responsabilidad individual. Sin embargo, es necesario distinguir cuidadosamente entre los enfoques moralísticos y los basados en hechos. Si no se ha neutralizado el contenido emocional de los eventos a observar, un participante no será capaz de observar sus propias acciones.

El modo con el que se diseñan los gráficos para registrar los problemas de calidad en la línea de ensamble de Sandouville ilustra claramente esta búsqueda de objetividad (Figura 5-1). Aunque aparecen los resultados de una estación de trabajo específica, el gráfico no muesta el nombre de la persona que trabaja en esa localización.

¿Es anónima la información que se muestra de este modo? ¿Queda absorbida la responsabilidad individual en la responsabilidad colectiva? El proceso es más complejo. Cuando un trabajador del ensamble consulta el gráfico, es consciente de que los números se relacionan con él. Sin embargo, este enfoque restringido incluye un principio fundamental: cuando se comunican deficiencias, los trabajadores las reconocen como problemas de la estación de trabajo, no como deficiencias de un individuo específico. De este modo, cada uno es capaz de recibir la información que pueda pertenecerle.

Hay muchas ventajas en orientar los mensajes hacia las estaciones de trabajo en vez de a los individuos. Por ejemplo, otro trabajador de montaje que pueda haber sido asignado a la estación de trabajo particular puede abrir más ligeramente una discusión objetiva. En contraste, si apareciese en el gráfico el nombre de una persona individual, el otro trabajador se formularía una opinión negativa de su colega y podría enfrentarse con dificultades desde un punto de vista moral, aunque una actitud tal perjudica la búsqueda de soluciones a los problemas.

Por otro lado, si la estación de trabajo es el punto de referencia, cada uno puede contribuir haciendo sugerencias sobre los problemas relevantes para todo el grupo.

Figura 5-1. Planta de Renault en Sandouville. El tablero del equipo resume los defectos observados durante las inspeccciones del trabajo de ensamble.

Por tanto, el criticismo puede ser más objetivo, más construc- tivo y menos emocional[1].

EL TESORO ENTERRADO

Avanzar desde un entorno dominado por las recriminaciones a otro basado en la confianza y la mejora no puede lograrse en un día. La formación puede estimular un nuevo modo de hablar, pe- ro la actitud de la dirección alta y media juega una función crítica. La dirección debe asumir la responsabilidad de emplear la emo- cionalidad de un modo más eficaz, tomando la iniciativa de tratar más objetivamente los problemas.

---

[1] Tomando a préstamo una expresión evocativa de Edward de Bono (*Six Thinking Hats*, Boston: Little, Brown Co., 1986), uno debe "ponerse un sombre- ro blanco» cuando desarrolla sistemas para mostrar públicamente información so- bre calidad. De Bono explica que la comunicación eficaz requiere acuerdo so- bre el modo de comunicación a adoptar por los participantes. Decir que uno se pone un sombrero blanco es para anunciar la intención de mantener una discu- sión basada en hechos. Decir: «Me voy a poner un sombrero rojo», indica un de- seo de expresar sentimientos.

En particular, los mandos intermedios son responsables de demostrar que utilizar los problemas como oportunidades para los lugares de trabajo ayudará a iniciar un proceso de orientación al progreso, un desafío a cambiar. Mostrar que los problemas pueden ser útiles es el mejor modo de estimular las capacidades de observación de los empleados y su empleo en el entorno inmediato[2].

La Simpson Timber Company es una de las mayores firmas de productos de madera en los Estados Unidos. La división de productos de madera fuerte emplea a 3.000 personas en un área cercana a los bosques costeros de Washington, Oregón y California.

En años recientes, la compañía ha adoptado una nueva estrategia para mejorar todos los aspectos básicos del negocio —productividad, calidad e innovación. La estrategia depende fundamentalmente más de movilizar a los empleados para eliminar problemas y defectos, reconocer oportunidades y aumentar la tasa de innovación de los sistemas que de las inversiones en tecnología.

Paul Everett es el director de proyecto. Hablando a un grupo de operarios y supervisores reunidos para formación en Gestión del Valor Añadido, dijo:

> Simpson emplea personas de talentos diversos —directores, administradores, ingenieros, expertos en mantenimiento y otro personal técnico que tienen conocimientos y capacidades generalmente adquiridos a través de una educación formal. Tienen conocimiento teórico sobre madera, maquinaria, contabilidad, ordenadores y otros, así como experiencia práctica.

---

[2] Masaaki Imai establece el mismo concepto en *Kaizen* (New York: Random House, 1986), donde afirma que el primer paso es probar a toda la organización que los problemas tienen un lado positivo. «Hay un adagio entre los practicantes del Control de Calidad Total en Japón: Los problemas son las claves del tesoro oculto» (pág. 163). La imagen del tesoro enterrado es evocativa. Cada uno entiende que un problema tiene dos lados. Uno es negativo: las figuras en la producción. El otro es positivo: la situación puede ofrecer información que permita una comprensión más plena del proceso y la prevención de cualesquiera recurrencia de problemas.

Lo que me estimula es que ahora tenemos, en la gestión del valor añadido, los medios para emplear más plenamente sus conocimientos prácticos adquiridos a lo largo de los años mientras fabricamos nuestros productos. Esta gran ventaja —utilizar los talentos de todos nosotros— es la acción decisiva necesaria para asegurar nuestro futuro en Simpson.

Vds. son las únicas personas que pueden observar directamente lo que puede ocurrir en una situación dada. Si malfunciona una máquina, o un tablero no satisface las tolerancias especificadas, o hay un defecto en algunas planchas, ¿quién otro hay allí cuando ocurren estos hechos? ¿Quién otro puede realizar observaciones en tiempo real de estos hechos? ¿Quién otro puede sacar conclusiones cuando los hechos acaban justamente de observarse en su entorno natural y cuando aún están revelando cada elemento de su contexto?

Esto es los que les da una función especial en la planta. Vds. son las únicas personas que encuentran hechos reales. Si desean aprender un nuevo modo de verlas, un nuevo modo de registrarlas, y un nuevo modo de interpretarlas, juntos podemos convertir todo ello en progreso.

La producción es una ciencia experimental

La perspectiva de que los trabajadores de línea son los soldados de a pié del progreso entra en conflicto con muchos supuestos tradicionales. Hasta años recientes, siempre que se preguntaba a los directores generales sobre los esfuerzos para hacer avanzar las prácticas de fabricación, replicaban en términos de equipos automáticos, expansión de la capacidad de producción, mayores instalaciones de almacenaje, carretillas de control remoto, etc.

Avanzar significaba invertir, e invertir significaba comprar equipo, gastar dinero en desarrollar tecnología o comprar nueva maquinaria. Era difícil contemplar el progreso sin una gran factura o varios meses de trabajo de la división técnica. Reducir la proporción de artículos defectuosos, reducir el uso excesivo de materiales, y mejorar la distribución o la fiabilidad de la maquinaria nunca se incluían oficialmente dentro del perfil de «progreso». Las compañías parecían no tener interés en las fuentes de productividad potencial disponibles en sus propias unidades de producción.

Esta tendencia a asociar el progreso con la mejora de los recursos disponibles se basaba en un concepto erróneo de la producción. Creyendo que la productividad óptima podría lograrse solamente a partir de «modelos de tablero de dibujo», los directores rechazaban las lecciones que podían encontrarse mediante una observación atenta de los procesos. Los hechos hacían deducir que la producción era realmente una ciencia teórica, mientras que los trabajadores de fábrica saben que, hasta un grado ciertamente significativo, la producción es una ciencia que se basa en la observación.

Recientemente, las compañías que han dirigido sus esfuerzos hacia la centralización y las abstracciones simplemente han ignorado la dimensión experimental de la producción.

Actualmente, se está reconociendo esta nueva dimensión del progreso. Una vez que se produce la comprensión, se sigue de forma natural todo lo demás. Paul Everett está en lo cierto: observar los fenómenos, prestar atención a los detalles, registrar los problemas, buscar las causas y validar las hipótesis son requerimientos esenciales para una compañía que busca mejorar constantemente.

Resumen

Parece un hecho simple que un individuo observe su entorno. No obstante, es de lejos muy difícil que un grupo llegue a una visión compartida de la realidad.

El ejemplo de la planta cuyo suelo estaba cubierto de piezas muestra que las respuestas a los problemas dependen mucho más de las percepciones colectivas —modos de pensamiento— que de las técnicas.

Si el motor de una máquina hace un ruido raro y el supervisor dice al maquinista: «Oh, no te preocupes. Esta máquina siempre ha funcionado así», o «Este no es su problema. Llame a los técnicos para que lo vean», el maquinista deja de considerar el ruido como una anomalía. Similarmente, un trabajador nuevo que expresa su preocupación sobre los elementos defectuosos que llegan de cierto suministrador, rápidamente reajusta su propio estándar de calidad con el prevaleciente en la compañía si se le replica: «Oh, eso es normal. Hemos tenido durante años problemas así».

Para que se produzcan observaciones válidas, los eventos deben contemplarse como fenómenos que están fuera de un contexto distribuidor de recriminaciones.

Ultimamente, el factor que produce observadores eficaces es la capacidad de los observadores para actuar sobre cualesquiera hechos que observen. En consecuencia, la responsabilidad de observar debe estar asociada con la responsabilidad para buscar el progreso. Involucrar a los empleados en la observación visual requiere una preparación cuidadosa.

La observación visual incluye las siguientes cuatro fases:

- Mostrar los estándares
- Desarrollar un sistema de respuesta
- Registrar problemas
- Observar más allá del propio entorno

La cuarta fase se deriva del principio de que no es suficiente para observar la realidad verificar los hechos que ocurren exactamente alrededor de uno mismo. A menudo, debemos ser conscientes de las circunstancias externas al propio territorio.

MOSTRAR PUBLICAMENTE LOS ESTANDARES

El capítulo 3 enfatizó la función esencial de los estándares metodológicos. En referencia a las instrucciones de trabajo, nos encontramos con expresiones tales como «Nuestra Biblia», «Un mapa de ruta», o «Un punto de arranque para lograr mejoras». Esos estándares, pertenecen al «know-how», según esas frases, se perciben desde el punto de vista del actor, el operario.

Los estándares que examinaremos aquí son útiles para un observador así como para un actor. Permiten al observador entender la condición del sistema operativo: máquinas, productos, posición de varios artículos, etc. La función de los estándares es facilitar la interpretación del campo visible y, más específicamente, permitir el reconocimiento de anomalías que puedan exigir respuestas[3].

Estos puntos de referencia no son indispensables en organizaciones extremadamente jerárquicas, donde los ejecutivos son las únicas personas a las que se confía la interpretación de la realidad visible. Sin embargo, estos puntos son indispensables cuando una compañía desea que la participación alcance al mayor número posible de personas.

Cuando una compañía adopta el principio de la exposición pública sistemática de los estándares, la comunicación visual ayuda a desarrollar un sistema de observación colectiva. El objetivo es facilitar a la comunidad una sola clave para interpretar el entorno.

En vez de decir: «Este área está realmente sucia», por ejemplo, tome fotografías cuando el área esté inmaculadamente limpia y ordenada. En vez de decir: «Todo está desordenado», marque áreas sobre el suelo con líneas de colores con espacios asignados de forma que cada uno pueda entender la expresión: «un área de trabajo ordenada».. (Este concepto no es tan obvio como pueda creerse, porque el concepto de orden de cada persona es único).

En vez de decir: «Siguen dejando piezas sobre el suelo», facilite cajas cuya función estándar sea el almacenaje de las piezas mal colocadas (Figura 5-2). En vez de decir: «Observe con atención la aguja. Si se eleva excesivamente, llámeme», facilite un conjunto de patrones con áreas rojas y verdes estándares, y monte los discos en un dial de acuerdo con los procesos que ocurren en tiempos específicos (Figura 5-3). Indicar la respuesta apropiada en caso de malfunción, con una lista de números de teléfono de las personas que deben contactarse.

---

[3] De acuerdo con la Asociación Japonesa de Dirección: «Un *control visual* ofrece un estándar visible de forma que cada uno pueda ver de una ojeada si ha ocurrido una anomalía (*El sistema de producción de Canon,* Tecnologías de Gerencia y Producción, S. A., Madrid, 1991). Esta definición incorpora tres puntos vitales: los estándares deben ser visibles; las anomalías deben ser visibles; y cualquiera debe ser capaz de asumir la función de observador.

Figura 5-2. Planta de Facon en Nevers, Francia. Una pequeña cesta instalada en el área de trabajo recoge las piezas que están fuera de función. El texto impreso en la parte superior de la cesta dice: «Cero errores —¡Acabemos con las mezclas desordenadas! Ponga en la cesta cualesquiera piezas que encuentre sobre el suelo, así como las que no correspondan a las operaciones de producción corrientes.»

DESARROLLAR UN SISTEMA DE RESPUESTA

Al diseñar sistemas de respuesta, mantenga tres principios:

- Transmisión de una retroacción rápida.
- Coloque los mensajes cerca.
- Asegure que la información se comparte dentro del grupo.

En el primer caso, responder rápidamente significa evitar la persistencia de un problema. Como consecuencia de que están proliferando las máquinas automáticas, es difícil la verificación continua por un operario. Cuando una máquina está posicionada inapropiadamente, la severidad del daño puede depender de la rapidez de la intervención.

Colocar los mensajes en posiciones cercanas permite que se resuelvan problemas fundamentales. La probabilidad de descubrir

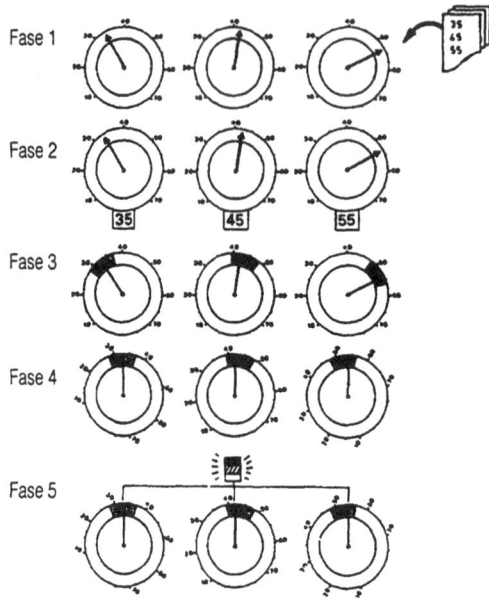

(1) Los valores estándares se registran en una hoja aparte de los diales.

(2) Los valores estándares se indican en los diales.

(3) Los valores estándares se indican mediante color en el instrumento respectivo, aunque cada dial debe monitorizarse separadamente.

(4) Se puede comparar con valores estándares con una simple ojeada, incluso desde distancia.

(5) Cuando uno de los instrumentos se desvía respecto al estándar, se activa una señal de alarma. Esta forma final de control es el nivel que debe preceder a la introducción del control automático.

Figura 5-3. Cinco fases del progreso hacia el control visual (de acuerdo con Ryuji Kukuda).

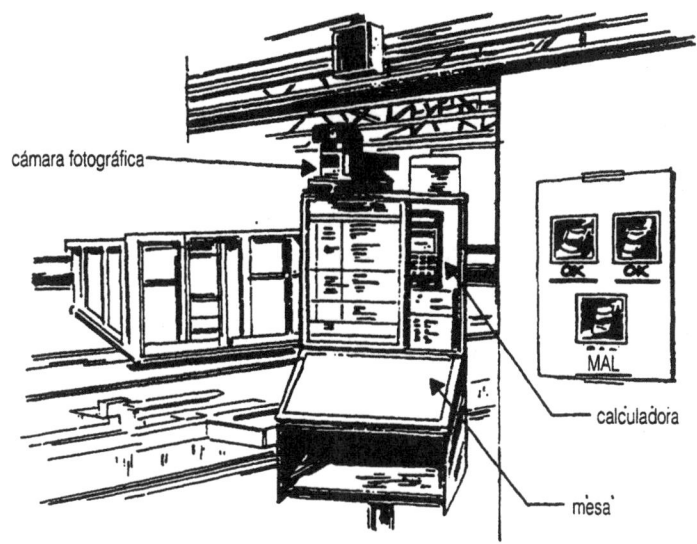

cámara fotográfica

OK OK

MAL

calculadora

mesa

Figura 5-4. Las fotografías se emplean extensamente en la planta de Valeo cercana a Le Mans. Permiten simultáneamente la definición de estándares, como se indica en la ilustración, así como documentar anomalías. Este es uno de los instrumentos básicos para la inspección visual.

las causas reales de los hechos disminuye de modo extremadamente rápido entre el momento en que ocurre un problema y en el que se realiza un análisis. Dos semanas después del hecho, nadie recuerda las circunstancias precisas, lo que impide la reconstrucción del contexto o la comprensión de las causas. Un detective que llegue a la escena del crimen tres meses después de que haya ocurrido es muy improbable que encuentre pistas y testigos fiables.

Ultimamente, tener a todos los empleados informados de los eventos que ocurren en el lugar de trabajo ofrece dos ventajas. La primera es una incrementada habilidad para intervenir —el personal que está más cerca es capaz de responder. La segunda ventaja se refiere a la naturaleza de las actitudes. Está en operación más que la mera información cuando cada uno puede ver el modo con el que el grupo responde ante los sucesos:

- Los elementos defectuosos son claramente designados como tales y es posible parar inmediatamente una máquina defectuosa.
- Se paran inmediatmente las máquinas que tienen fugas de aceite.
- Se cogen las piezas que yacen en el suelo.
- Se pide a los proveedores de componentes defectuosos que vengan a la planta a explicar lo ocurrido.

El sistema de valores de la compañía se está moldeando incluso con más eficacia que con las pláticas más elocuentes.

Calidad en la fuente: un ejemplo

Una línea de montaje de vehículos como la de la planta de Renault en Sandouville está organizada de un modo particularmente rígido, poco apropiado para modificar la forma de realizar las tareas de los trabajadores del montaje. Como resultado, es aún más interesante la transformación introducida bajo el título: «calidad en la fuente.»

Hasta hace poco, cuando un trabajador de montaje fallaba en montar correctamente una pieza dada, la instrucción era dejar al automóvil tal cual estaba. Equipos cuya función era remediar defectos estaban situados a intervalos de aproximadamente un centenar de metros, de forma que los vehículos con defectos podían continuar circulando a lo largo de la línea de ensamble. Los miembros de esos equipos perdían cantidades significativas de tiempo. Primero tenían que localizar los defectos. El trabajo de corrección era a menudo sumamente pesado porque el defecto inicial había impedido el ensamble apropiado de otras piezas.

«En los primeros días de su trabajo», nos detallaba un director: «los trabajadores nuevos acostumbraban a indicar a sus supervisores cuándo no podían instalar una pieza. La respuesta era: "No se desanime. Ese es el trabajo de los retocadores". Como consecuencia, el nuevo personal dejaba de hacer cualquier esfuerzo especial para mejorar las cosas porque no había razón para dejar sin trabajo a los retocadores.»

Actualmente, la línea está dotada con un sistema de alarma. Cuando un trabajador de montaje encuentra dificultades, emplea la alarma (Figura 5-5). El número correspondiente a la posición se enciende sobre un tablero (Figura 5-6), y algún técnico se acerca a ayudar. La meta es que cada vehículo se procese correctamente conforme se monta.

El método de «calidad en la fuente» puede parecer de sentido común. Con todo, ha cambiado profundamente los hábitos de los trabajadores.

- Se adoptan todas las medidas posibles para asegurar que el vehículo se monta de forma apropiada desde el comienzo.
- En caso de problema, cada miembro del equipo está informado por una luz destelleante. Se puede ver si el proceso está transcurriendo apropiadamente, o si han surgido dificultades. Cada uno está consciente de como está funcionando la unidad de producción en su conjunto.

Figura 5-5. Planta de Renault en Sandouville. Tirando de la cuerda se emite una señal en caso de problemas.

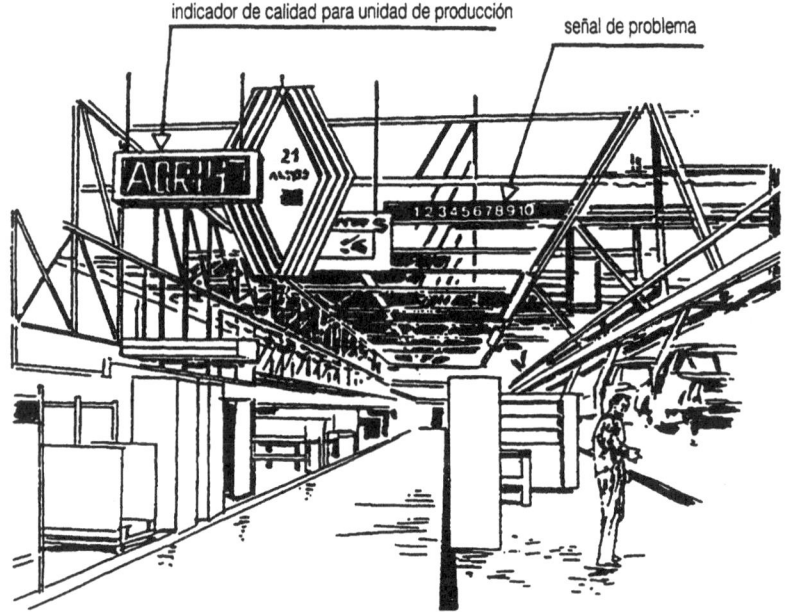

indicador de calidad para unidad de producción　　　señal de problema

Figura 5-6. Planta de Renault en Sandouville. El problema es señalizado por el sistema.

- Los esfuerzos del equipo de producción no solamente remedian los problemas sino que registran sus acciones de forma que puedan tener lugar el desarrollo de soluciones permanentes (Figura 5-11).
- Ultimamente, la existencia misma del sistema es un mensaje. La observación de las luces encendidas hace reconocer que algo ha cambiado en relación con el método anterior. En Sandouville, cada uno sabe que «hacer el trabajo» no es ahora suficiente; debe además hacerse bien.

Averías en la autopista

La introducción de esta clase de sistema no es meramente un procedimiento técnico. Un nuevo sistema representa también un cambio en los modos de pensamiento. Esto es por lo que es tan importante la preparación de un proyecto de esta clase. Los pasos inciales no son necesariamente colectivos, y el equipo entero de producción debe participar.

En Sandouville, se sometió a test el método de «calidad en la fuente» en una unidad piloto de un área de ensayo. Más tarde, fue más fácil introducir el proyecto en toda la línea de montaje.

Un grupo de trabajo consistente en operarios y técnicos se reunió en diversas ocasiones hasta que el proyecto se desarrolló plenamente. Tuvieron lugar vigorosas discusiones. En cierto punto, se presentó una propuesta para combinar las luces de señal con señales sonoras, pero un maquinista objetó: «Imaginen todas esas sirenas sonando en nuestra área de trabajo. ¡Eso va a ser una distracción insufrible!» Otro miembro del grupo replicó: «Eso nos incomodará de lejos menos que lo que les ocurre a personas que tengan averías en la autopista por culpa de defectos de montaje».

Retroacción de la información «aguas arriba»

El principio de la calidad en la fuente significa que sólo artículos aceptables circularán a través de la planta. Por razones técnicas, el logro de esta meta no es siempre posible. A veces, ocurren defectos de mecanizado que son detectables solamente durante el proceso de ensamble, o piezas que están ensambladas inadecuadamente son solamente detectables mediante un test.

No obstante, el propósito de mostrar públicamente los resultados es el mismo: que la información esté disponible tan pronto como sea posible en la localización de forma que sea visible para todos (Figura 5-7).

Las máquinas hablan

El sistema de exhibición de información de la línea de montaje de Sandouville permite centralizar los datos de más de diez estaciones de trabajo. En otros casos se emplean métodos más sim-

Figura 5-7. La planta de Renault en Sandouville. En la línea de montaje, se hace una inspección detallada de cada coche al final de la línea midiendo la calidad sobre una base regular. Cada dos horas, un empleado registra en un tablero los datos sobre los coches producidos por la sección de montaje de 20 personas. Por tanto, cada trabajador del ensamble sabe inmediatamente si la unidad está realizando un trabajo aceptable.

ples, incluyendo luces de tres colores colocadas en cada máquina (Figura 5-8). Los japoneses denominan *andon* a esas luces, lo que significa «linterna». Kiyoshi Suzaki puntualiza que el propósito de una linterna es guiar a una persona a lo largo de la ruta iluminando las dificultades[4]. Esta poética descripción evoca la intención de facilitar la supervisión de las unidades de producción por cada persona que trabaja en ellas.

El concepto de monitorización colectiva de las áreas de trabajo es reciente. En algunas plantas, prevalece la ecuación «un operario una máquina». Esta ecuación fue válida en la era de las tareas manuales, pero ha perdido validez en la era de la automa-

---

[4] Kiyoshi, Suzaki, «In the process of challenge, and the use of the Jidoka concept; *Review of the Association for Manufacturing Excellende* (AME), Spring, 1988.

Figura 5-8. La planta de Solex en Evreux. La flecha apunta a una señal luminosa que está por encima de una estación de trabajo.

tización. El sistema de comunicación operario-máquina debe permitir una monitorización más eficaz y menos costosa.

Alain Hue, un ayudante del director del departamento de producción en la planta de Sandouville de Renault, nos daba una vívida descripción de las ventajas que ofrece un sistema de comunicación eficaz entre seres humanos y máquinas.

Recientemente he aprendido sobre la naturaleza exacta de este fenómeno cuando una avería impedía que el teléfono de mi oficina diese la señal de una llamada externa. Podía hablar por el teléfono, pero no podía escuchar el timbre que alerta de las llamadas exteriores. En cierto momento, estaba esperando una llamada importante. Como sabía que el teléfono no me avisaría, estaba inmovilizado. Tenía que coger el receptor de vez en cuando para comprobar si había alguien al otro extremo de la línea.

Pensaba en algunas unidades del equipo en las que el operario tiene poco que hacer la mayor parte del tiempo. Es suficiente ejecutar algunos pasos de tiempo en tiempo, atender la máquina cuando hay un problema, reaprovisionarla, o cambiar una herramienta. Aunque las máquinas son ahora más avanzadas técnicamente, es aún inadecuado el sistema de comunicación con los seres humanos. El sistema obliga al operario a permanecer presente supervisando la operación de una máquina dada, justamente como en el caso de mi teléfono que no podía sonar.

Jidoka —¿Un nuevo arte marcial?

Las luces andon y los procedimientos de «calidad en la fuente» son aspectos del sistema que los japoneses denominan *jidoka,* o «autonomatización» o «automatización con un toque humano». El concepto se malentiende a veces como meramente una reacción ante las anomalías en un proceso dado, o justamente una máquina automática que inspecciona los productos que fabrica.

En realidad, el jidoka depende de mecanismos que se activan bien por personas o por maquinaria automática para obtener respuestas en caso de problemas. De acuerdo con Kiyoshi Suzaki, la introducción de un sistema jidoka implica crear condiciones para incrementar la autonomía de los sistemas de producción[5].

Suzaki enfatiza que la autonomía asociada con el jidoka es mucho más amplia de la que puedan conducirnos a asumir sus equivalentes en la lengua española. Las unidades de producción alcanzan un modo de organización que permite no sólo respuestas apropiadas a los problemas, sino también el desarrollo de medidas preventivas —autónomas— para eliminar recurrencias. En otras palabras, hacer que la máquina pare automáticamente no completa el jidoka. Los empleados deben analizar el fenómeno y buscar las razones del problema, con la meta de identificar soluciones permanentes.

Como enfoque general de autonomía, no sólo para los procesos sino también para el progreso, el jidoka es al mismo tiempo un sistema de auto-control y un método de auto-organización. Como dice Suzaki: «El jidoka es un ejercicio para construir los músculos y nervios de la producción.». Por tanto, el jidoka es similar a un arte marcial para fábricas.

---

[5] Suzaki, AME Review, ob. cit.

Unos pocos dólares más

La firma americana Granville Phillips, que fabrica equipo electrónico, descubrió un modo imaginativo de transmitir el mensaje de que los problemas tienen lados positivos. Se instalaron luces de señal de tres colores en las localizaciones de ensamble de circuitos electrónicos. Los trabajadores podían encender estas luces *andon* cuando encontrasen dificultades con las piezas o el equipo.

Cuando se instalaron las luces, el director observó que los empleados eran remisos para activar la señal. Los empleados difícilmente empleaban las luces por el temor a disgustar a alguien. Su temor inconsciente se fundaba en la contraseña del pasado: no perturbar, no interrumpir el trabajo.

El director ideó adherir una pegatina con el símbolo del dólar en cada luz. El mensaje era claro. A pesar de las perturbaciones causadas con la suspensión del trabajo, estas situaciones representaban oportunidades para ganar dólares, si se asume que es posible encontrar soluciones definitivas que eviten la recurrencia de los problemas.

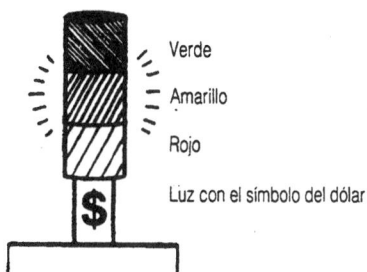

Figura 5-9. Una innovadora señal de iluminación.

Emprender acción antes de que ocurran accidentes

Algunas firmas han adoptado el objetivo de intervenir antes de que surjan los problemas. Las primeras señales que puedan anticipar un accidente se denominan *warusa-kagen* en japonés. Esta

Figura 5-10. Planta de Reydel en Gondecourt. La unidad de inyección está equipada con un sistema de comunicaciones que permite la notificación directa al departamento de reparaciones cuando surge un problema. Se sitúa un mensaje en un panel electrónico iluminado que explica la disfunción, localización y razón por la que se para la máquina. Este panel no se pretende que sea visto en exclusiva por el personal de reparaciones, sino también para que todos los miembros del área de trabajo conozcan en todo momento los problemas que afectan a la maquinaria. Por tanto, puede sentirse menos aislado un trabajador cuya máquina no funciona bien. El problema lo es también de sus colegas.

expresión se refiere a las anomalías que no impiden que el trabajo se complete, pero cuya detección permite evitar las averías y mejora la comprensión sobre cómo funciona el equipo.

En presencia de anomalías que no son superlativamente serias, a menudo seguimos adelante mientras lo permiten las condiciones. Esta actitud es similar a la respuesta de un conductor que escucha un ruido extraño en el motor de su coche, pero espera que se manifieste la avería antes de hacer algo. Cada anomalía es una señal que puede permitirnos evitar dificultades más serias.

Masaaki Imai describe una unidad de producción en la planta de Tokai Rika en Japón, en la que se estimulaba a los maquinistas a informar de todos los *warusa-kagen* o «cuasi problemas».Para promocionar la campaña de detección de anomalías, la dirección decidió considerar el número de estos «avisos sin coste» como un indicador de las capacidades de observación de los empleados. En el plazo de un año la planta registró 534 situaciones que, si no se hubiesen identificado por anticipado, habrían conducido a consecuencias serias en términos de output o equipo[6].

REGISTRO DE LOS PROBLEMAS

Cuando el equipo de Renault en Sandouville preparó el proyecto de «calidad en la fuente», previó el modo de registro y análisis de los problemas. En consecuencia, el equipo colocó un gráfico cerca de la línea de ensamble (Figura 5-11). Se anota cada defecto en este gráfico, y los defectos se clasifican por su origen en forma de un diagrama.

De acuerdo con un ejecutivo, el resultado ha sido extremadamente favorable. El análisis sistemático identifica las causas principales de los defectos y permite la adopción de medidas correctivas. Ya al comienzo, en unas pocas semanas, el número de elementos defectuosos declinó tan abruptamente que fue posible eliminar el trabajo de corrección. Los trabajadores que realizaban tareas de retoque se asignaron a funciones más constructivas, tales como la asistencia técnica y la formación de maquinistas.

Recomendaciones prácticas

Para mantener el trabajo con los registros y ahorrar tiempo, debe diseñar los documentos de entrada de datos de forma que se logre una máxima reducción de la carga de trabajo. La creación de

---

[6] Imai, Kaizen, ob. cit., pág. 165.

Figura 5-11. Planta de Renault en Sandouville. Un gráfico para analizar problemas está situado cerca de la línea de ensamble.

Figura 5-12. Planta de Favi en Hallencourt. El control estadístico del proceso (SPC) utiliza gráficos para registrar medidas de los productos conforme se completa el proceso de mecanizado. La verificación permite que no se hagan entregas fuera de tolerancias. Las variaciones pueden interpretarse para comprender mejor el proceso particular. El SPC depende de una activa participación de los maquinistas. Los resultados son excelentes si este método se aplica bajo condiciones apropiadas.

un documento de input con un formato predeterminado ofrece varias ventajas. Primero, puede reducirse el tiempo necesario para registrar datos. Emplee símbolos preseleccionados: discos magnéticos, colores, etc. Segundo, el empleo de designaciones de grupos o familias de defectos (y la muestra de piezas defectuosas actuales en forma física cerca de los gráficos, como hace Citroën, Figura 5-14) es un modo práctico de designación. Esta condición es indispensable para que los problemas se resuelvan independientemente de cualquier clase de contexto de localización de fallos.

Otra ventaja es el establecimiento de una lista completa de defectos posibles. Su clasificación utilizando diagramas de Pareto puede motivar a las personas responsables a registrar los datos porque ellas mismas participan directamente en su análisis.

Algunas compañías prefieren registrar los problemas en un libro. Este enfoque requiere menos espacio y facilita el uso. Con todo, es preferible un gran gráfico visible por todos, incluso si es necesario registrar más tarde los números globales en un libro.

No se precisan siempre mediciones precisas. Por ejemplo, para registrar las paradas de una máquina es suficiente medir la duración precisa de las paradas que excedan de los quince minutos.

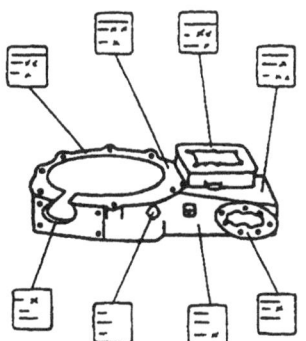

Figura 5-13. Diagramas de localización de defectos. Siempre que la ocasión lo permita, es ventajoso acompañar los documentos diseñados con diagramas o fotografías del producto que muestran las localizaciones de los defectos más comunes. Es suficiente con marcar con X las áreas apropiadas.

Otras paradas pueden indicarse simplemente mediante marcas en las columnas de un gráfico. La duración limitada de estas paradas y su efecto estadístico significa que la medida de su frecuencia es suficiente para señalar su efecto en el tiempo total de parada.

Por último, emplear una cámara fotográfica para definir los estándares de calidad. Como nada hay que iguale al impacto de las fotografías, hay que utilizarlas también para registrar fenómenos interesantes. Una pieza defectuosa, un palet dañado, un sistema que funciona mal son todas ellas indicaciones que deben capturarse en su forma original. Las fotografías pueden adherirse a hojas que describen los problemas, o pueden montarse magnéticamente sobre el gráfico empleado para registrar datos. De esto se sigue una doble ventaja. Las fotografías capturan la atención de los que pasan por delante. Y también incrementan la probabilidad de que se comprenda el fenómeno que se observa.

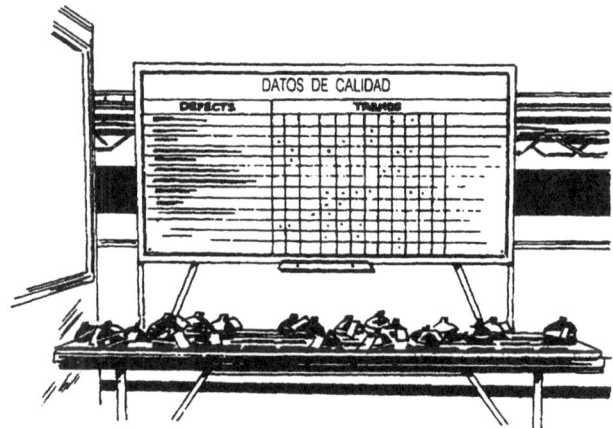

Figura 5-14. La planta de Citroën en Caen. Dentro del área de trabajo se ha colocado un gran gráfico que permite registrar y analizar los problemas de calidad. Las piezas colocadas sobre el mostrador representan diferentes tipos de defectos, con cada defecto etiquetado. Con este modo de presentación, cada uno puede identificar fácilmente los defectos y registrar números sobre el gráfico. Adicionalmente, cualquiera que pase por delante del gráfico puede entender la naturaleza precisa de las dificultades que puede encontrar el equipo.

Mantener los contactos

El acto de registrar datos no elimina la necesidad del contacto diario en un equipo. Algunas informaciones concernientes a los procesos no puede describirse explícitamente utilizando métodos visuales, y debe por tanto intercambiarse por medio de palabras. Los trabajadores pueden ahorrar tiempo no registrando todo por escrito, aunque en este caso es necesario el contacto frecuente.

En su planta de Gondecourt, la compañía J. Raydel ha introducido el principio del «minuto de la calidad». Todo el equipo para su trabajo un minuto por hora. Durante esta pausa, cada uno cita el fenómeno observado en su estación de trabajo. Las observaciones consideradas interesantes se registran en el libro del equipo, y se discuten en una reunipón posterior.

En la planta de Physio-Control de Seattle, tienen lugar reuniones regulares a nivel de equipo para discutir los problemas encontrados durante el día.

Se instala un gráfico en el comienzo de cada línea de ensamble (Figura 5-15), y los miembros del equipo que se han encontrado algún problema registran sobre el gráfico breves descripciones de los eventos. Los empleados emplean rotuladores de diferentes colores, de acuerdo con la naturaleza del problema (equipo, procesos, materiales), para facilitar el empleo de datos. Al final de cada reunión, los problemas que han necesitado una revisión especial se registran en un libro.

«Acostumbramos a tener una gran cantidad de problemas menores a lo largo de un día de trabajo. No eran muy serios. y nunca los registrábamos», declaraba un trabajador de la sección de montaje. «No podíamos molestar al líder del equipo cada minuto y, hacia el final del día, a menudo habíamos olvidado los detalles de la situación. Ahora, esto se ha vuelto una acción refleja. Siempre que observamos un problema de cualquier clase —piezas clasificadas inadecuadamente, problemas con el utillaje, hileras incompletas— lo registramos en el gráfico. De este modo, estamos seguros que los problemas no se ignoran.»

Ver más lejos

Ver la realidad significa observar e interpretar el entorno. Sin embargo, en algunos casos debe entenderse también cómo se despliegan las cosas aguas arriba y aguas abajo de la propia situación. El entorno visible adquiere así un significado más amplio. Ver la realidad significa también ver más allá.

Esta idea se ha pasado probablemente por la cabeza del director de compras de una destilería de coñac. «En diversas ocasiones, hemos tenido problemas con las etiquetas de nuestras botellas, porque dichas etiquetas se han cortado inadecuadamente en la instalación de producción de nuestro proveedor», explicaba. «A pesar de las recomendaciones de nuestras especificaciones, el

Figura 5-15. Planta de Physio-Control en Seattle. Un tablero para registar problemas. la pequeña bandera roja sobre lo alto del tablero tiene una función específica. Cuando un problema serio no puede resolverse rápidamente, un miembro del equipo eleva la bandera. Entonces, cada uno —otros equipos, técnicos, directivos— sabe que el equipo se encuentra con un problema crítico que requiere atención especial y la asistencia de todos.

operario de la prensa apilaba demasiadas láminas en su máquina. Cada vez que sucedía esto, informábamos a la división de ventas del impresor. Unas pocas semanas más tarde, después de enviar y recibir cartas y desperdiciar tiempo en diversas reuniones poco productivas, finalmente obteníamos un compromiso en principio, aunque no se observaba mejora.»

La crónica recurrencia de las dificultades indujo a la compaía a bandonar los canales de comunicación tradicionales. «Dudábamos», explicaba el director de compras, «de que el trabajador que estaba produciendo las etiquetas con la cortadora fuese consciente de las dificultades que surgían de la falta de consistencia en los procedimientos operativos. ¿Tendríamos que mantener la comunicación a través de los canales usuales, o podríamos tener un contacto directo con este trabajador?»

«Decidimos preparar una cinta de video», siguió explicando el director. «Dura doce minutos. Nuestras técnicas de filmación fueron simples, y el presupuesto muy bajo. Esta cinta mostraba con precisión lo que ocurría en nuestra línea de empaquetado cuando las etiquetas estaban pobremente cortadas. El sistema de alimentación se bloqueaba, la cola empezaba a derramarse, y la línea debía parar para retirar las pilas de etiqeutas estropeadas.

«Esta fue la primera vez», añadió, «que el trabajador que producía las etiquetas pudo ver el desastre. En el pasado, el trabajador meramente había recibido recomendaciones del supervisor, quien a su vez había sido notificado por el director de producción, quien había sido informado por el director de ventas. A partir de ese momento, ya no hubo necesidad de más explicaciones o de reprender a alguien. En orden a entender, ver fue suficiente.»

De acuerdo con el director de compras, los resultados fueron sorprendentes. «No sólo hubo una rápida mejora en la calidad, sino que quedamos sorprendidos de recibir sugerencias de algunos de los empleados del proveedor que deseaban proponernos modos de hacer más eficiente nuestro proceso de producción una vez que habían visto la película. Como esta aventura había tenido tanto éxito, hemos producido otras películas. Actualmente, hay una película para cada categoría de productos que compramos.»

La corriente fluye

Abrir una planta a su entorno exterior del modo descrito requiere una profunda transformación de las actitudes. Durante años, las unidades de producción han existido como compartimentos cerrados, orientados hacia dentro. Los maquinistas, líderes de equipos, e ingenieros raramente dejan sus propias áreas, y se mantienen pocos contactos directos con el mundo exterior. Los ejecutivos y sus departamentos de operaciones tienen el monopolio de los contactos externos. La compartimentación ha sido un resultado de los conceptos de organización prevalecientes.

Actualmente la situación está cambiando. La necesidad de avanzar y movilizar toda la fuerza laboral para afrontar los desafíos de la competencia internacional está destruyendo las particiones. Los clientes y proveedores entran en las fábricas y se comunican directamente con sus colegas. Los miembros de los equipos de producción visitan las instalaciones de los clientes con el fin de ver como se utilizan los productos que fabrican. Los tabúes largo tiempo mantenidos están dejando paso al único imperativo que cuenta: mejor producción.

Como muestran los ejemplos que siguen, la mayoría de las compañías que abren de este modo sus unidades de producción han obtenido resultados extremadamente favorables. Un punto es claro: para que fluya la corriente, solamente necesita establecer el circuito.

CONTACTO CON LOS PROVEEDORES

Los proveedores de una compañía son a menudo extraños para sus unidades de producción. Su lejanía puede medirse no sólo en kilómetros sino en tiempo. El programa del suministrador está cerrado hasta la semana 36 cuando una planta cliente llama a dicho proveedor en la semana 22. Cuando una planta está evaluando la calidad del material producido en febrero, el proveedor está preparando los artículos que se pretende entregar en mayo. Si proveedores y usuarios tienen que vivir en mundos separados por un trimestre, ¿cómo pueden llegar a puntos de vista compartidos?

Las compañías que han elegido trabajar con métodos «just-in-time» han encontrado que es necesario modificar profundamente los sistemas de relaciones con los proveedores. Cuando no hay un stock extra disponible en el evento de un problema de producción, las unidades de producción de proveedor y cliente deben estar en contacto directo, sin estorbos. Son vitales las respuestas rápidas y el desarrollo de soluciones eficaces para cada problema.

La comunicación está cambiando. La información necesaria ya no puede seguir siendo transmitida exclusivamente por los departamentos de compras y ventas. Esta surgiendo la cooperación basada en los contactos frecuentes entre departamentos de diferentes compañías: la meta es confrontar los problemas sin retrasos, en los niveles en los que son mayores las posibilidades de lograr soluciones.

Cuando la planta NUMMI cambió la dirección y adoptó el sistema Toyota como modelo, se invitó a los proveedores a visitar mucho más a menudo las áreas de producción. En el pasado, eran muy limitadas las oportunidades de visitar la planta.

De acuerdo con el director de calidad de LTV Steel, que suministra a la planta NUMMI, estas visitas permiten que se traten directamente temas clave, con lo que puede recibirse de primera mano información y acción retroactiva. Esto también facilita una mejor comprensión de la perspectiva del cliente que las largas explicaciones de antaño.

El contacto no se limita a los ejecutivos. Más de 30 operarios han visitado Fremont durante el año pasado. «Inicialmente, hubo problemas, con los cilindros de acero que se rechazaban», dijo el director de calidad. «Estos problemas se resolvieron muy rápidamente porque estábamos recibiendo constantemente información rápida, precisa y fiable, lo que nunca ocurría cuando la misma llegaba a través de intermediarios.»

Son visibles directamente los resultados de los contactos de

LTV Steel con los equipos de producción de sus clientes. Al lado del área de estampación, donde las bobinas de acero están esperando a su colocación en las prensas, se puede ver un gran tablero que mide seis por nueve piés (Figura 5-16).

En este tablero están montadas muestras de chapa de acero, preparadas por LTV Steel. Cada chapa, que mide aproximadamente 30 cm de lado a lado, indica un tipo distinto de defecto. Debajo está escrito el nombre o denominación del defecto.

«Pedí que se instalase este tablero», nos decía el director de calidad, «para que los equipos de producción de nuestro cliente pudiesen hablar en nuestro lenguaje. De este modo, en caso de problemas, la comunicación es más fácil». El tablero preparado por LTV Steel incluía también textos y fotografías que explicaban el proceso de producción del acero. «Como resultado de estas explicaciones», añadió: «los miembros de los equipos de producción de NUMMI pueden entender las relaciones entre la producción de acero tal como la realiza LTV Steel y los procesos de estampación de los cuales son responsables.»

Figura 5.16. Planta de NUMMI, Fremont, California. Tablero instalado en el área de estampación para explicar los procesos de fabricación del suministrador y los defectos principales que pueden ocurrir.

Un lugar para encontrarse con el proveedor

Cuando la planta de Renault en Sandouville buscaba reforzar el contacto directo con los proveedores, se adoptó la decisión de establecer lugares de reunión en sus áreas de trabajo (Figura 5-17). El propósito era que los proveedores viniesen a la planta y se involucrasen directamente en la resolución de los diversos problemas que hubiesen encontrado las unidades de producción con los artículos suministrados.

El lugar de reunión es una oficina localizada cerca de la línea de ensamble. Los registros referentes al proveedor están disponibles allí. En la parte exterior a la oficina está colgado un programa de reuniones semanales y un gráfico que resume los problemas con todos los proveedores. «Cuando los proveedores vienen aquí», nos decía un supervisor de la unidad, «miran el gráfico. Si veo que un proveedor se ha puesto pálido, generalmente es porque acaba

Figura 5.17. Planta de Renault en Sandouville. Area para reunión con suministradores.

de percibir que su competidor está en el área verde, mientras él tiene aún un número no despreciables de discos rojos» (véase gráfico de figura 7-4).

Inicialmente, los proveedores venían a Sandouville solamente cuando habían surgido problemas. Ahora visitan la planta periódicamente para mantener el contacto. Preside las reuniones un miembro del departamento que es responsable de la coordinación con el departamento de compras. El supervisor de la unidad asiste también a estas reuniones. Cuando la discusión trata de problemas prácticos, el grupo entero visita la línea de montaje para preguntar su opinión a los maquinistas.

Al igual que ha hecho LTV Steel, otros suministradores han producido películas, de forma que los empleados pueden visionarlas en aparatos de televisión instalados en sus unidades, adquiriendo así un conocimiento visual de los esfuerzos de los suministradores en cuando a calidad y organización.

«Anteriormente, las personas de la línea estaban completamente aisladas», explicaba un empleado responsable de promocionar las relaciones con los proveedores. «Ahora, si hay un problema con un producto comprado, podemos llamar directamente a la unidad que ha fabricado las piezas para nosotros. Si la persona con la que contactamos tiene dudas sobre nuestro problema, podemos decir: "Venga para acá y compruebe, porque aquí están las piezas. Puede ser que Vd. sea capaz de montarlas, porque nosotros no hemos encontrado el modo de hacerlo".»

«Desde que se ha introducido el nuevo sistema», continuó: «he visto una mejora definida en calidad entre nuestros proveedores. Prestan mucha más antención a lo que les decimos.»

Los proveedores prestan una gran atención a las observaciones de los equipos de montaje. Como nos confiaba un suministrador de Renault: «Imagínese la situación. Se le ha citado en la línea de montaje como consecuencia de un problema de calidad. Se encuentra rodeado por estaciones, es difícil, incluso para un vendedor excelente, negar el problema o soslayarlo. Es difícil intentar endulzar la píldora mencionando los programas estrictos, la condición del mercado, o los precios del año próximo. El defecto es-

tá delante de nuestros ojos. El personal no puede hacer apropiadamente su trabajo, y esto es lo único que cuenta».

CONTACTO CON CLIENTES

El profesor Robert Millen de la Universidad Northeastern en
Boston, Massachussets, relata el siguiente incidente. Este apunta a
la naturaleza distintiva de las relaciones que surgen cuando el personal de producción se reúne con las personas que utilizan los
productos.

Imagínese una planta aeronáutica en el sur de Inglaterra durante la Segunda Guerra Mundial. Los trabajadores encaramados
en tarimas están ensamblando cazas Spitfire que van a entrar en
combate en el plazo de semanas. Un grupo de visitantes avanza
desde el otro extremo del área de trabajo. Los trabajadores, con-
centrados en el delicado proceso de ensamble, siguen con sus tareas sin distraerse. En los pasados meses, se han producido numerosas visitas del Ministerio. Generales adornados con cintas y
medallas, junto con burócratas curiosos, vienen para asegurarse de
que la producción procede regularmente, las reglas se obedecen,
y la Gran Bretaña está defendida. En la unidad de ensamble, nadie levanta la cabeza.

Súbitamente, se produce una conmoción al final de la isla. Re-
suenan los vivas y hurras de la fría área de trabajo. El grupo llega
cerca de los trabajadores. Se escucha un gran murmullo. Los visitantes son cuatro pilotos de caza, que visten sus trajes de vuelo.

Los pilotos describen para los trabajadores el comienzo de una
misión —el zumbido del motor, y un avión que asciende suave-
mente en la niebla del amanecer. Los trabajadores escuchan, en-
cogidos de emoción, con sus herramientas en las manos. Los pilotos describen los combates en el aire, los tanques de fuel que
deben desprenderse, su ciega confianza en los rugientes motores,
sus manos agarrotadas sobre los controles, y los círculos con el
avión. Describen persecuciones, fintas, vuelos en picado, y su confianza en volver a sus bases al anochecer.

¿Qué están diciendo los pilotos a los trabajadores? «Gracias. Gracias por producir unos aparatos tan buenos, y gracias de nuevo, porque sin vuestra estrecha atención, no podríamos estar aquí para expresaros nuestro agradecimiento.»

Aprender de los supermercados

En vez de aeroplanos, Fleury Michon produce carne empaquetada y alimentos cocinados. No obstante, los ejecutivos de la firma deben haber concluido que hay siempre «pilotos» al final de la línea es decir, consumidores de los productos de la compañía—y que era importante para el personal de producción reunirse con dichos consumidores. «Extrañamente, cuando llevamos a nuestros empleados a ver nuestros productos en supermercados, se vuelven extremadamente críticos«, decía el Sr. Petit, director de comunicaciones. «Es extremadamente beneficiosos organizar un contacto directo entre empleados y clientes. Situarse en la posición de los consumidores da a los trabajadores un concepto de la calidad mucho más claro.

«Un defecto menor, una etiqueta torcida, un producto deficientemente colocado en el interior del paquete, u otros defectos que puedan parecer aceptables en el lugar de trabajo, resultan verdaderamente insoportables cuando se observan en el estante al lado de los productos de nuestros competidores.»

Fleury Michon ha creado una estrategia de comunicación con la intención de promover el contacto entre el personal de producción y los consumidores. El lema es: «Las personas deben concienciarse directamente; deben ver las cosas con sus propios ojos.»

Los empleados del departamento de ventas y del de expediciones visitaron supermercados. A su vuelta, describieron a sus compañeros la llegada de un cargamento de 20 toneladas a una congestionada área de recepción, procedimientos de carga de alta velocidad, almacenaje de paquetes, y el proceso administrativo para las listas de cajas y facturas. «¡Ahora entendemos porqué nuestros clientes son tan exigentes respecto a ciertas cosas que parecen ser meros detalles!», concluyeron.

Para mejorar su sistema de promoción de contactos entre producción y mercado, Fleury Michon ofrece a su fuerza de ventas períodos de una semana de formación en la planta. Durante los períodos de formación, los representantes de ventas visitan las áreas de trabajo, discuten con los empleados de producción, buscan explicaciones sobre los modos con los que se fabrican los productos, y preguntan cuestiones sobre nuevo equipo. Cada ejecutivo debe explicar las actividades de su sección, e indicar las mejoras que se preven.

«Este es un ejercicio extremadamente provechoso», confirmaba el director de relaciones humanas. «Si la persona responsable de dar una explicación a los representantes de ventas sugiere que el sistema de control programable de la máquina troceadora se reemplazará por un nuevo microordenador, se arriesga a recibir una rociada de recriminaciones. La audiencia espera escuchar cómo intentará la planta reducir los períodos de entrega, mejorar el aseguramiento de la calidad, y desarrollar más rápidamente nuevos productos. En una situación en la que hay que mantener el interés de la audiencia, nuestros conferenciantes deben determinar rápidamente los verdaderos intereses de los clientes.»

Del productor al consumidor

La compra de un lujoso automóvil es, hasta cierto punto, comprar una porción de la fábrica. Esto es lo que piensan los ejecutivos de Renault cuando invitan a compradores a seleccionar sus coches en la planta en presencia de un director de ventas Renault.

Antes de tomar posesión de sus coches, se permite a los compradores que visiten las áreas de producción para ver como se ensamblan los automóviles y hablar con los trabajadores. Entonces, se guía con orgullo a cada comprador hasta su coche, cuya placa de registro incluye el nombre del trabajador que realizó los ajustes e inspección finales.

Se hacen también directamente los contactos entre los sectores de producción y ventas cuando se ponen en el mercado nuevos modelos. Cuando se introdujo el modelo turbo R21, un grupo de doce trabajadores altamente cualificados de la sección de retoques —que estaban disponibles como consecuencia de las mejoras en calidad al final de la línea— invirtieron tres meses visitando la red de ventas. Su función era establecer contacto con clientes, y, volviendo a la planta cada viernes, informar de las observaciones de los clientes sobre la calidad.

De acuerdo con Raymond Savoye, director de planta, este proyecto facilitó muchas lecciones: «Antes del lanzamiento de este proyecto, se decía: "¡Alto! ¡Es esencial evitar el contacto entre sus trabajadores y los clientes! ¡Pueden decirse cualquier cosa!" ¿Qué ocurrió? Las respuestas de nuestros clientes fueron excelentes. El contacto directo con personal que producían sus automóviles les facilitaba la seguridad adicional de que los problemas recibirían una atención apropiada.»

Subiendo a la cubierta

De acuerdo con el director de una fábrica de mobiliario, poner al personal de producción en contacto directo con las realidades del mercado genera entusiasmo y motivación: «Imagínese que el personal que pasa todo su tiempo trabajando en la sala de máquinas de un barco sube a cubierta por primera vez y descubre el cielo y las islas.»

«Durante una exposición en París en la que estábamos exhibiendo nuestro material», explicaba el director, «pedí a cuatro trabajadores que participasen en las actividades del equipo de ventas asignado a nuestro *stand*. Mi intención era darles una oportunidad de hablar con clientes, de escuchar sus cuestiones, y comprender sus intereses.»

«Los resultados fueron favorables», subrayaba el director.

Primero, encontré que algunos de nuestos empleados tenían talentos no reconocidos y que, con formación adicional, serían excelentes en ventas. Además, me asombró ver su rigurosidad con respecto a la calidad. Cuando un representante de ventas alababa a una trabajadora por la calidad de su trabajo, ésta replicó: «No es realmente perfecto; podríamos haberlo hecho mucho mejor», Después, como respuesta a la mirada asombrada del representante de ventas, apuntó a un defecto minúsculo en una pieza de mobiliario. Un cliente sin una capacidad de observación extremadamente aguda habría sido incapaz de detectar este defecto.

Si esta trabajadora hubiese sido criticada respecto a la calidad por el representante de ventas, nunca habría señalado la pequeña imperfección como defecto. Probablemente habría replicado: «Eso no es nada». El hecho de que fuese alabada la estimuló a presentarse así misma como mucho más exigente.

Después de la exposición, cuando los trabajadores volvieron a la planta, describieron todo a sus compañeros. Ganar participación en el mercado, presupuestos de publicidad, dar prioridad al servicio al cliente, cero defectos —éstas eran ahora palabras propias.

VUELTA A LA FUENTE

Estos ejemplos apuntan los beneficios del contacto entre los equipos de producción y los proveedores y clientes. A continuación presento un extracto de una conferencia dada en la Escuela Superior de Electricidad de París por Raymond Savoye, director de la planta de Sandouville de Renault. Savoye explica un modo innovativo de promover el contacto entre ejecutivos y personal de producción dentro de la propia compañía:

Durante años, sabíamos que la estación de trabajo era el punto crítico para la calidad y los precios. Durante años, las personas decían que las cosas no marchaban bien. Pero muchas personas hablaban largamente de una situación sin tener de los hechos un conocimiento de primera mano. Tendían a permanecer en el nivel de las observaciones generales.

Ya saben la historia. Producción decía: «Es el departamento de mantenimiento; de nuevo han provocado un estropicio». El departamento de calidad decía: «¡Oh, esos suministradores —no hacen nada correcto del todo! En Sandouville, necesitábamos algún modo para salir de este sistema. Encontramos nuestra meta en las situaciones de arranque inicial— cuando se introducen nuevos modelos y toda la compañía se moviliza. Aquí es cuando nuestros ejecutivos tenían contacto directo con problemas reales. Realmente conseguían una perspectiva práctica del proceso, pero esto era justamente como un golpe de una vez; no era un sistema permanente.

Empezamos a buscar una solución real. Un día, mi director asistente, Sr. Marchand, después de salir de una reunión dijo: «Pienso que he descubierto lo que debemos hacer. El próximo septiembre, voy a dejar aparte todo lo demás y me trasladaré a la línea de montaje. Quiero dar ejemplo: todos nuestros ejecutivos tendrán que trabajar en las unidades de producción sobre una base regular.»

La idea se le había ocurrido después de una reunión con el Club Méditerranée en el curso de un intercambio de planes de mejora de la calidad. El director de formación del Club Mediterranée nos dijo que volvía a ser de nuevo una vez cada año un «jefe» de residencia. «Soy quien debe coordinar la recepción para todos los miembros de la residencia y, si es necesario, llevarles la comida a las mesas.»

Esto es lo que nos llevó a anunciar a todo el staff (todos los empleados excepto los trabajadores de la línea) que deberían pasar tres días cada año como un trabajador de la línea de montaje. Entonces, para facilitar guía en este proyecto, y después de permanecer en la línea, el Sr. Marchand describió su experiencia, que fue extremadamente interesante. Recibió una excelente acogida por parte de los trabajadores, y adquirió conocimientos sobre numerosos puntos concretos: la máquina atornilladora situada adecuadamente, la pieza difícil de instalar. etc.

Desde aquél momento, más de 400 personas, empezando por la alta dirección, han dejado sus despachos para trabajar en las unidades de producción. El Sr. Garsmeur, director de operaciones en las oficinas centrales corporativas, vino a Sandouville y más tarde me escribió una nota que decía: «Volveré. Esto es increíble.» El jefe de la unidad de investigación de chasis de automóviles está en Sandouville, y hoy irá a la línea. Ayer estuvieron aquí personas del departamento de ventas extranjero. Cuando vieron lo que estábamos haciendo dijeron: «Todos nosotros vendremos a Sandouville.»

Es importante no tener temor. Alguien de las oficinas corporativas estaba algo amilanado y temeroso de lo que pudiese sucederle en la planta. «¡No seré capaz de mantener el ritmo!» . Los trabajadores replicaron: «Es bueno que no pueda mantener el ritmo, porque si realmente pudiera eso significaría que nuestros trabajos son demasiado fáciles.»

Este proyecto —*Volver a la fuente*— fue rápidamente aceptado por nuestros empleados porque hicimos un esfuerzo para comunicarlo —primero explicando el proyecto y después explicando los resultados. Sin embargo, se necesita una estricta atención por que el conjunto del proyecto es una larga marcha. Si lo hubiésemos propuesto de la misma forma hace dos años, sin ningúna introducción, hubiésemos tenido un fiasco.

Este proyecto ha librado a algunas personas del mal camino. Se nos ha dicho que es algo «Maoista». Pero el proyecto ha alterado el nivel de conocimiento para muchos de nosotros con más eficacia que una serie de conferencias. Ya no estamos por más tiempo satisfechos justamente con hablar sobre las cosas.

6
Indicadores del proceso

Un texto sobre dirección le facilitó a un director la idea de mostrar indicadores de rendimientos/resultados en las áreas de trabajo. El libro señalaba: «¿Cómo puede esperar que sus empleados estén interesados en lo que hacen si no están informados de los resultados? ¿Puede imaginar a un equipo de futbol discutir de sus partidos sin saber los resultados?

La idea de anunciar las evaluaciones complació sumamente al director. Mandó llamar al jefe de su departamento administrativo y, conjuntamente, definieron indicadores interesantes. Los cálculos necesarios no plantearon problemas: todos los datos estaban ya realmente en el ordenador. Además, con el pequeño esfuerzo para preparar un programa simple, sería posible producir gráficos directamente desde la impresora. Poco después, un cajetín de exposición adornado con un bastidor dorado apareció en el área de trabajo. Todos declararon que producía una favorable impresión mejorando la decoración de un entorno relativamente austero. El director, extremadamente orgulloso, no dejaba pasar la oportunidad de mostrar a los visitantes esta evidencia tangible de su nueva política de apertura: «Toda la compañía está movilizada para mejorar la calidad y eficiencia», explicaba: «La verificación de los rendimientos ya no está reservada en exclusiva a la dirección. Ahora es una preocupación de todos.»

Tres meses más tarde, el director observó que los gráficos que contenía en su interior la caja acristalada estaban desfasados en dos semanas. Cuando se consultó al jefe del departamento administrativo, replicó que no había recibido los números que necesitaba. «En cualquier caso», explicó con aire de desánimo, «pienso que estamos en un mal camino. Al principio, los empleados expresaban curiosidad sobre las curvas de producción. Todo era nuevo y atractivo. Ahora pasan por delante sin mirarlas siquiera. ¿Porqué debemos esforzarnos en suministrar información a personas que no les interesa? Recuerde que tuvimos la misma historia con el periódico de la compañía. Cinco centenares de copias en papel satinado, y la mayoría de ellas terminan en las papeleras.»

La idea del director de un equipo de fútbol y una puntuación o evaluación no era errónea. El director meramente había olvidado un punto. Cuando un jugador mira la tabla de puntuaciones, nunca pensaría en decir: «¡Siete a cero! ¡Vaya paliza! Nuestro pobre entrenador tendrá mucho de que quejarse. Pero en lo que se refiere a mí, pienso que esta vez he jugado OK.»

Si los equipos de fútbol conceden tanta importancia a los resultados, es porque están plenamente involucrados en el juego. Un equipo contempla los resultados como representantes de *sus* esfuerzos, *su* habilidad, y *su* progreso. Los directores pueden verse inclinados a mostrar indicadores en las áreas de trabajo, pero ¿cuál es el valor de hacerlo si el equipo no está interesado en el resultado?

Nos hemos encontrado ya con este problema en relación con la exposición pública de instrucciones de trabajo o programas de producción. El éxito depende de un proceso en el que la información se comparte y posee. Con meramente indicadores, tenemos que anticipar un proceso más bien difícil.

No obstante, durante muchos años la contabilidad analítica y el control de gestión se han aplicado de un modo superlativamente centralizado. Números definidos en oficinas sin consultar las áreas de trabajo, iban y venían de éstas sin recibir datos complementarios u observaciones. La opinión prevaleciente en las unidades de producción era: «La dirección emplea las mediciones de resultados para ver si trabajamos duro o no.» Los gráficos adquirían una connotación moral. El significado oculto era: *La razón para medir resultados es juzgarnos.*

Dado un contexto desfavorable, debemos definir desde el principio los objetivos de un proyecto. Anteriormente, los indicadores mantenían el control sobre las unidades de producción. Actualmente, los indicadores ofrecen oportunidades para motivar a los empleados. Por tanto, existe el peligro de perpetuar un error. Los indicadores mostrados en las áreas de trabajo deben tener un sólo propósito: ser instrumentos para los equipos de producción, exactamente como máquinas, robots, o equipo de manipulación de materiales.

INDICADORES DEL PROCESO

Hace unos pocos años, cuando se veía por televisión un partido de fútbol, la única indicación facilitada era el resultado. Actualmente, los anuncios señalan el número total de tiros a puerta fallados y no fallados, el tiempo total de posesión del balón por uno u otro equipo, el número de pases realizados y los culminados con éxito o fallados, etc.

Los tantos conseguidos por uno y otro equipo son un *indicador de resultados*. Otros parámetros son *indicadores del proceso*. La misma distinción existe en las fábricas. Los niveles de output son indicadores de resultados. El modo con el que una fábrica cumple su función puede evaluarse con indicadores de proceso: número de disfunciones y rechazos, niveles de calidad de las materias primas, regularidad de reaprovisionamiento, volumen medio de trabajo en curso, etc.

En *Kaizen,* Massaki Imai demuestra que las compañías occidentales están siempre dando prioridad a los indicadores de resultados, mientras las compañías japonesas han desarrollado mucho más extensamente los indicadores de proceso. De acuerdo con Imai, esta diferencia se origina a partir de dos estilos de dirección diferentes. Los occidentales están más agudamente interesados en los beneficios a corto plazo, pero asignan una importancia limitada a los modos de obtenerlos. Por otro lado, los japoneses conceden prioridad a definir métodos apropiados y seguirlos[1]. Para resaltar la idea de Imai, los occidentales cuentan los huevos de oro, mientras que los japoneses prestan más atención a la salud de la gansa.

De esto se deduce que los nuevos tipos de indicadores son indicadores que señalan si los procesos obedecen ciertas reglas. Pueden mostrar una amplia variedad de información. Las unidades de producción no se confinan a medir resultados —el nivel de producción. Pueden medir también los factores del juego: fiabilidad del equipo, movilidad de los empleados, número de pequeñas mejoras, plazos de producción, etc. No se ignoran los indicadores de resultados, pero ya no se contemplan aisladamente de los modos para perseguirlos. No existen los resultados inherentemente válidos. Cada cosa depende de la pauta seguida.

Una perspectiva de la fabricación

Los indicadores del proceso permiten el reconocimiento de los modos de lograr resultados, con el concepto subyacente de que los métodos válidos deben haberse seguido antes de congratularse por unos rendimientos de alta calidad.

Surge inmediatamente una cuestión. ¿Qué significa un «método válido»? ¿Cómo pueden definirse los indicadores del proceso si no se ha determinado lo que constituye un proceso válido?

¿Porqué debe medirse el plazo de producción si no se está convencido de la necesidad de reducirlo? ¿Porqué deben estudiarse las tasas de rechazos si no se han desarrollado políticas sanas referentes a la calidad? ¿Porqué despilfarrar tiempo verificando los plazos de entrega de los proveedores si la planta está protegida contra los retrasos manteniendo grandes stocks? ¿Porqué debe analizarse el tiempo de cambio de útiles, o promocionarse las habilidades múltiples de los empleados si la dirección de la compañía no ha desarrollado cuidadosamente el concepto del uso flexible de sus recursos de producción?

---

[1] Imai, *Kaizen,* Ob. cit., pág. 16-21.

Una compañía que no disponga de una estrategia precisa para la fabricación encontrará que debe mostrar pocos indicadores del proceso. Hasta los años 80, en las compañías occidentales —con sus metas de produción hasta la saturación de la capacidad— eran pocos los indicadores a enfatizar. Cuando se dirige un coche a la velocidad máxima, se tiene poca inclinación a examinar el panel de instrumentos.

Nuestras perspectivas industriales han obtenido un nivel de conocimiento más avanzado solamente con la aparición de políticas tales como la calidad total, el «just-in-time», el servicio óptimo, y la prevención del desperdicio. Cuando cada uno se adhiere a un cierto número de ceros —cero stocks, cero retrasos, cero defectos, cero averías— resulta esencial instalar tableros de información en las áreas de trabajo. Por tanto, no es una mera coincidencia la correlación directa entre la diversidad de indicadores en las áreas de trabajo y el nivel de sofisticación de la fabricación de una compañía. La diversidad de indicadores —independiente de su nivel de rendimientos— es el primer punto a considerar al diagnosticar los métodos de fabricación.

INDICADORES DESCENTRALIZADOS

El gráfico de la figura 6-1 registra las entregas de aceite en la planta de Citroën en Caen. Cuando la unidad de ingeniería adoptó la meta de reducir la cantidad de aceite que utilizaban las máquinas, no buscó la información solamente en los registros de contabilidad analítica centralizados; colocó un gráfico al lado de cada máquina.

Este es un ejemplo de indicador descentralizado. Las mediciones se hacen en los puntos en los que se emplea el aceite. El indicador es directamente visible, y los resultados se analizan por los mismos usuarios. Las ventajas incluyen: información precisa, actualización inmediata, y simplificación de las funciones administrativas. Además la visibilidad de los resultados estimula la participación de cada uno para ofrecer ideas de mejora.

Consumo de aceite												
Máquinas	E	F	M	A	M	J	J	A	S	O	N	D
Escariadora	60/180	20/160	20/160									
Prensa 1	20/20	20/20	20/40									
Prensa 2	40/40	20/100	40/100									
Rectificadora	20/40	20/60	20/40									
Muescadora	20/80	20/80	20/60									
Herramientas múltiples	40/40	40/40	20/20									
Total	440	460	420									
Meta	500	500	500	400	400	400	400	200	350	350	320	320

entrega de aceite ➜ 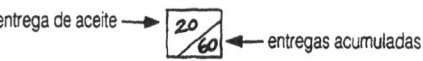 ◄— entregas acumuladas

Figura 6-1. **Gráfico utilizado en la planta de Caen, de Citroën para medir el consumo de máquinas individuales.** (El gráfico mide aproximadamente 6 por 3 piés). El trabajador que distribuye el aceite es responsable de registrar las cantidades entregadas y calcular los totales mensuales. El gráfico registra también la meta especificada para el año. Cada uno puede ver los números y discutirlos regularmente en reuniones de equipo. Resultado: el consumo de aceite para este grupo de máquinas ha pasado de 8.000 a 4.000 litros en un año.

La facilidad con la que puede transmitirse la información nos ha equivocado. Es tan fácil registrar cualquier cosa en un ordenador que hemos ignorado las ventajas del proceso localizado de datos. Sin embargo, con un nuevo enfoque en el uso de indicadores, el proceso de datos debe descentralizarse. Diversos argumentos apoyan este concepto.

Primero, el volumen de datos argumenta a favor de la descentralización. Ha surgido un vasto número de nuevos indicadores del proceso porque es necesario considerar todos los tipos de causas y no meramente los efectos. Debemos observar constantemente estos factores e interpretarlos en una base regular. Incluso sería inadecuado doblar el personal administrativo. Más bien, cada uno debe participar en la realización de mediciones y en análisis dentro de su propia área.

Segundo, la naturaleza del problema apoya el argumento. Cuando la meta es el progreso, el acto de desplazar información es causa de que se pierda mucho de su potencial, principalmente por los retrasos. Para que los fenómenos se interpreten correctamente, los análisis deben completarse rápidamente.

Adicionalmente, la transmisión de información requiere que la información se separe de su contexto. Esta abstracción no es un problema para los indicadores de resultados cuya función es facilitar el control externo. Sin embargo, cuando es necesario revisar en profundidad los fenómenos confiando en los indicadores del proceso, la separación de la información es una monumental barrera.

Generalmente, se pretende que los indicadores del proceso se utilicen por las personas que trabajan en los mismos procesos. Estos son los indicadores que un entrenador discute con los jugadores después de un partido para desarrollar conclusiones sobre la fuerza ofensiva o defensiva del equipo, su movilidad, su habilidad para controlar el balón y para realizar maniobras precisas.

Pocos de estos factores son útiles para el tesorero del equipo, cuyo interés principal se relaciona con los ingresos por entradas vendidas en el estadio. Incluso aunque el tesorero analice con profundidad los ingresos, nunca descubrirá qué indicadores permitirían determinar lo que debe hacer el equipo para jugar mejor.

Los indicadores de resultados están relacionados primariamente con el *control,* mientras los indicadores del proceso se pretende faciliten el *auto-control y la auto-mejora.* La gama de indicadores del proceso mostrados en una planta (y constantemente actualizados) es una señal de la integración de los empleados con sus recursos de producción.

LA DIMENSION CULTURAL

Cuando doy conferencias sobre organización visual de fábricas, utilizo diapositivas de las instalaciones que he visitado durante mis investigaciones. Observando las reacciones de la audiencia, compruebo un fenómeno inusual. Cuando aparece sobre la pantalla algún gráfico que registra ausencias, que se muestra en algunas áreas de trabajo, se produce un súbito incremento de curiosidad en la audiencia (Figura 6-2).

Obviamente piensan: «¡Ajá! Aquí hay algo interesante, ¡Al fin, he aquí un modo de reducir el absentismo en mi planta! ¡Ahora los flojos estarán anunciando prácticamente a todos quienes son!» Un gerente de planta que tenga la tentación de aplicar una política de *glasnot* mostrando esta clase de gráfico en la entrada de la planta se arriesga a una seria conmoción entre los trabajadores. Se requiere un cierto nivel de prudencia en este dominio. No son las mismas las actitudes en Japón, Francia o los Estados Unidos respecto a los tipos de información que pueden mostrarse dentro de una compañía.

En la mayoría de los casos, requiere precaución el uso de indicadores que atraen la atención de las personas. Los japoneses son muy abiertos en este aspecto, pero los límites entre lo que es del individuo y del grupo difieren respecto a nosotros. ¿Están preparados los occidentales para adoptar los mismos procedimientos

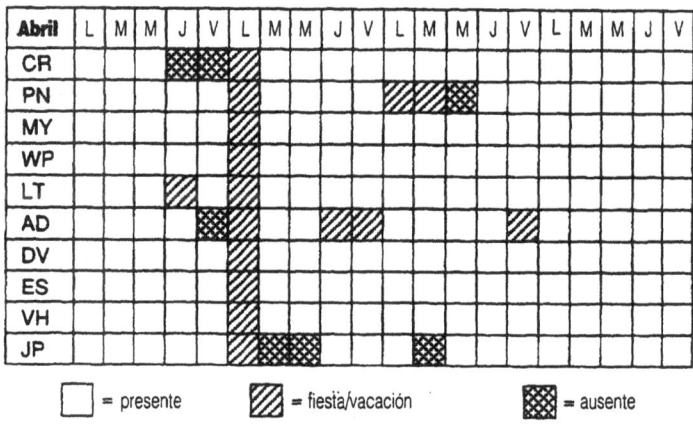

Figura 6-2. Gráfico de comprobación de ausencias

que la compañía Fuji Valce?[2] En su planta de válvulas para automóviles, se sitúa al lado de cada estación de trabajo un pequeño
gráfico orientado hacia la autoevaluación (Figura 6.3). El gráfico se
completa en base a un acuerdo supervisor-trabajador, y es visible
para cualquiera que pase por delante de la estación.

La importancia del modo de presentación

No se pueden mostrar públicamente indicadores sin considerar la cultura interna de la compañía. Una empresa hará una elec-
ción diferente a la de una gran compañía; una planta de construcción reciente tendrá una mayor libertad que otra planta influen-
ciada por una larga tradición de control autoritario.

Sin embargo, la cultura interna de una compañía puede evo-
lucionar. Afortunadamente, la dirección puede aprender sobre
apertura. Además, los modos de presentar la información afectan
profundamente a las interpretaciones. Cuando se exhibe un docu-

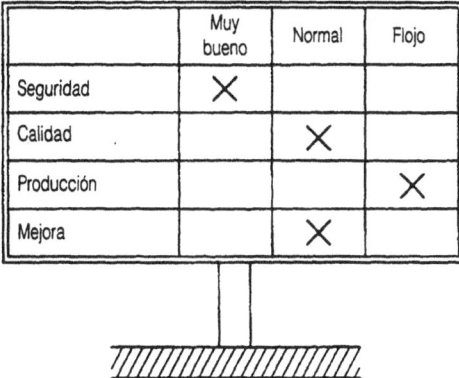

Figura 6-3. La compañía Fuji Valve, Japón. Tarjeta individual de autoevaluación.

---

[2] De informe de una misión de estudio. Universidad Louis Pasteur, Estras-
burgo, Francia.

mento, se producen dos mensajes. Uno es la información misma. El otro es el modo con el que se presenta la información, y especialmente el contexto que se pretende.

En grado variable, la influencia del contexto se observa para todos los indicadores que examinamos. Vamos a analizar los métodos de presentación de dos indicadores críticos: absentismo y diversidad de cualificaciones[3].

El absentismo como indicador

En la planta de Sandouville de Renault, para verificar el absentismo cada equipo dispone de su propio gráfico, incluido en el tablero principal de indicadores (Figura 6-4; una perspectiva general se ofrece en la figura 6-16). Surgen dos observaciones:

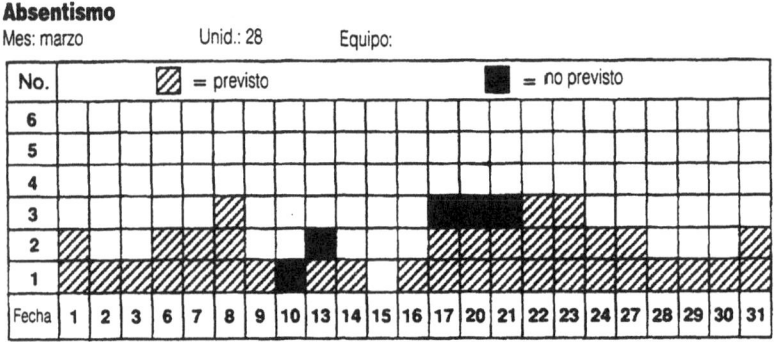

Figura 6-4. Gráfico de gestión de la plantilla de personal en la planta de Sandouville, de Renault. Los números de la izquierda no representan a individuos específicos, sino el total de personas ausentes. Los colores señalan diferencias entre ausencias programadas y reales.

---

[3] A veces, se ha pensado que es necesario obviar el término *absentismo* y en vez de ello hablar de *presencias*. Sin embargo, si se altera un término en un documento de monitorización —sin que el equipo gane verdaderamente más responsabilidad para gestionar su fuerza laboral— no cambia significativamente el modo con el que se percibe la ocurrencia del fenómeno.

- Primero, las ausencias se registran en el tablero utilizado para programar los tiempos de vacación. Por tanto, el absentismo se contempla como un componente del seguimiento anticipado del nivel de disponibilidad de personal. Con preferencia a discutir la meta de reducir las ausencias, enfatiza la necesidad de anticiparlas. Para que un equipo funcione con eficacia, necesita planificar sus recursos.
- Segundo, el tablero no lista los nombres de los trabajadores ausentes sino el número *total* de ausencias. La intención es clara. El modo con el que el equipo gestiona su fuerza laboral es el único concepto que se comunica públicamente.

Obviamente, esta situación no elimina la necesidad de mantener libros de registro sobre las incidencias de los miembros individuales del equipo. La información individual permanece en el dominio privado y se regula por una relación restringida entre líderes y miembros de los equipos. La información privada está disponible en mayor detalle que en el gráfico. Un líder de equipo mantiene un estrecho contacto con los miembros, y es la persona más capaz de evaluar la conducta de cada miembro.

El gráfico de la figura 6-2 demuestra claramente la diferencia. En un caso, se indica *per se* el absentismo, y la muestra pública de esta información implica una connotación moral. En el otro caso, se exhibe un elemento de control; el absentismo es meramente un componente. Por tanto, reestructurar la información dentro de un contexto más amplio puede facilitar la exposición pública de este indicador.

Comunicación de la diversidad de cualificaciones

Muchas compañías están desarrollando modos de organización más flexibles para responder con eficacia a las necesidades de mercados diferentes. Se demanda versatilidad. Por ejemplo, un gráfico expuesto en la planta de Citroën indica la diversidad de cualificaciones (Figura 6-5).

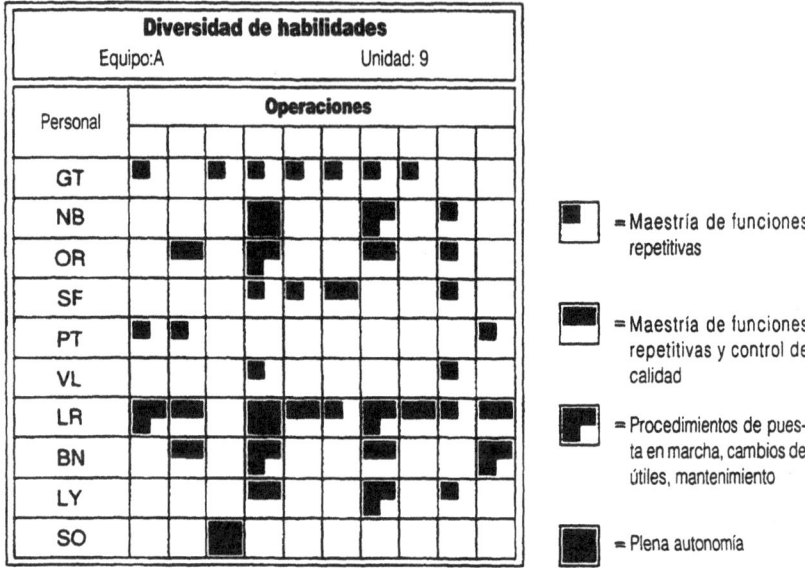

Figura 6-5. Planta de Citroën. Este impreso se exhibe en las unidades de producción para mostrar el desarrollo de cualificaciones. Los cuadros se van rellenando confome se aprenden diferentes funciones. Este gráfico expresa dos componentes de la versatilidad: habilidad para operar diferentes estaciones de trabajo (debajo de la cabecera «operaciones») y habilidad para utilizar funciones múltiples en una estación de trabajo (un área coloreada en e linterior de cada cuadro).

Aparte de la facilidad de lectura, el formato en parrilla facilita la comunicación. La compañía podría haber expuesto una lista de empleados, indicando las cualificaciones de control convencional, basado en individuos. Sin embargo, un formato en parrilla expresa la versatilidad como un componente de los atributos del equipo de trabajo, Las parrillas permiten dos formas de interpretación. Horizontalmente, indican la versatilidad individualmente; verticalmente, indican la factibilidad de encontrar alguien capaz de cubrir una operación en una estación de trabajo, Por tanto, cuando se examina verticalmente el cuadro, se puede evaluar objetivamente los atributos de la unidad de producción. Con el examen horizontal, se puede identificar cómo contribuyen los trabajadores individuales a las características de la estación.

Como consecuencia del modo de presentación —un gráfico— este indicador gana una nueva connotación. El gráfico que muestra la versatilidad de los empleados constituye un gráfico de flexibilidad para la unidad de producción. La versatilidad no es más que un modo de obtener flexibilidad. En otras aplicaciones, el gráfico es un modo de mejorar el servicio al cliente.

Resumen

Mostrar públicamente indicadores no consiste meramente en colocar gráficos de control de gestión en los lugares de trabajo. Más bien, debe cambiar el modo de concebir el sistema de mediciones:

- Se enfatizan con más fuerza los indicadores del proceso.
- Se descentralizan la adquisición, medición, presentación y análisis de los datos.
- La colocación de resultados en el dominio público requiere considerar los aspectos culturales del tipo de medición específica.

En el resto de este capítulo examinaremos aspectos prácticos del uso de indicadores. Se adscribirán las condiciones requeridas para el éxito en las fases de selección de indicadores, creación de tableros, arranque del proyecto y aseguramiento de la continuidad.

SELECCION DE INDICADORES

La selección de indicadores depende de las políticas de fabricación de las compañías, modos de organizar las plantas, y procesos de producción. Una instalación que produce componentes para la industria del automóvil no necesita los mismos indicadores que una planta que produce circuitos impresos a medida. Una planta que persigue el «just-in-time» no utiliza los mismos indicadores que una planta sin esa clase de actividad.

Por tanto, es difícil generalizar. La lista que sigue incluye indicadores que se han estado exponiendo públicamente en ciertas plantas. El escrutinio de esta lista genera varias observaciones.

Primera, están incluidos numerosos indicadores del proceso, aunque este aspecto no es sorprendente. Un ejemplo típico de un indicador que refleja la calidad logística de los procesos de producción es la continuidad del flujo de producción. Este indicador permite la determinación de una distribución semanal ajustada del volumen de producción mensual. La distribución no es siempre altamente consistente. Surgen retrasos al principio de cada mes —falta de materiales, máquinas fuera de servicio, etc.— y al final del mismo, cuando, para cumplir las cuotas, se hacen esfuerzos para completar los artículos semiacabados.

Además, muchos de estos indicadores no tienen equivalente en los sistemas contables. Los ejemplos incluyen los porcentajes de pedidos entregados dentro de plazo, los niveles de precisión en la medición de los stocks, o la amplitud del tiempo sin averías. Esta falta de paralelismo puede explicarse por el cambio en la función de las mediciones. En un contexto convencional, cada indicador debe estar orientado hacia la cuenta de resultados y el balance. Se ignoran los fenómenos que no producen resultados directamente registrables en libros.

Por tanto, las políticas de algunas compañías parecen rozar el absurdo, mientras rastrean inflexiblemente peniques y fallan al no medir la disponibilidad de stocks, la duración de los flujos o indicadores de la fiabilidad de la maquinaria[4].

También observamos la presencia de algunos indicadores que

---

[4] Afirmar que los indicadores no son *indicadores contables* no significa exiliar el dinero de las áreas de trabajo. Las conversiones financieras son siempre útiles. Por ejemplo, puede multiplicarse el espacio que se reclama por el coste por metro cuadrado o el tiempo de parada por el coste por hora de una máuina dada. Sin embargo, la intención es mejorar la comunicación, en vez de asegurar que los resultados encajan en una estructura contable.

pretenden rastrear dispersiones, distribuciones, o contornos, una tendencia que refleja los esfuerzos de las compañías para estabilizar el proceso de producción.

Subyace en este objetivo una orientación global de la producción, ya citada con relación al control visual: la planta evita incrementar volúmenes o velocidades hasta que se han comprendido y dominado con éxito los parámetros principales. Los directores tienen menos interés en las velocidades máximas del tren y más interés en la habilidad del tren para llegar en el horario fijado, y en los factores que permiten hacer esto.

Por último, se han creado diversos indicadores para monitorizar proyectos, resolver problemas, o determinar si las políticas se están ejecutando apropiadamente.

1. Flujos
   • Plazo de ejecución medio de producción y variación
   • Productividad
   • Cumplimiento de compromisos (plazos, cantidades)
   • Volumen de artículos semiacabados
   • Perfil del flujo: continuidad, regularidad, tiempo de paso de principio a fin
2. Materiales y stocks
   • Monitorización de elementos no disponibles en almacenes (materiales o artículos acabados)
   • Cantidad de material necesario para fabricar una unidad de buen producto
   • Resultados de gestión de almacenes (tiempo de respuesta, precisión de los inventarios)
3. Recursos técnicos
   • Disponibilidad de la maquinaria
   • Nivel de rendimiento (cantidad de output dividida por cantidad de input)
   • Tasas de averías o período de producción sin problemas
   • Tiempo necesario para cambiar las series de producción
   • Costes de mantenimiento en relación con unidades de producción

- Porcentajes de mantenimiento preventivo versus reparaciones
- Número y duración de las peticiones de asistencia técnica
- Amplitud media de los períodos de reparación
4. Calidad
   - Porcentajes de artículos inaceptables
   - Tasas de rechazos y retoques
   - Resultados de auditorías de calidad
   - Coste total de la no satisfacción de los estándares de calidad
   - Período de operación sin problemas mayores
5. Clientes y proveedores
   - Volumen de ventas
   - Plazos de entrega
   - Indicadores de satisfacción del cliente: calidad, servicio, número de problemas
6. Empleados
   - Tasas de ocupación
   - Número de sugerencias (propuestas, implantadas)
   - Horas de formación
   - Nivel de diversidad de cualificaciones dentro de equipos
   - Absentismo
7. Entorno de trabajo
   - Indicador de limpieza y orden
   - Auditorías de seguridad
   - Accidentes de trabajo
8. Cargas generales
   - Verificación de los costes del equipo
   - Energía, aceite, pequeñas herramientas, etc
9. Varios
   - Número de productos cubiertos por el aseguramiento de la calidad
   - Número de mecanismos automáticos instalados en el equipo
   - Número de círculos de calidad

- Número de máquinas supervisadas con control estadísti-co del proceso (SPC)
- Distribución del espacio ocupado
- Nivel de estandarización de componentes

DEFINICION DE MEDICIONES Y UNIDADES

El acto de exponer un indicador no modifica fundamental-mente el modo de realizar la medición. No obstante, hay que pres-tar una estricta atención a dos aspectos:

- La interpretación de los resultados debe ser fácil para todos.
- Simplificar los cálculos. No es necesario medir los fenóme-nos con precisión excepcional en cada caso. Seleccionar una medición que ofrece un resultado aproximado es a me-nudo tan eficaz para interpretación como emplear una me-dición específica.

Por ejemplo, una planta que produce maquinaria ha adoptado la meta de monitorizar el tiempo requerido para cambiar el tipo de producción. La primera idea es dibujar los tiempos sobre un grá-fico. Sin embargo, durante la fase de investigación surgen dos ob-servaciones. Una es que hacer una medición precisa exige tiempo en sí misma. Después de considerarlo, el grupo que trata este pro-yecto concluye que la medición no requiere una precisión de se-gundos. Como arranque, es suficiente una medición con un rango de precisión de diez minutos.

Segundo, el propósito del gráfico no es tratar la cronología precisa del fenómeno sino conocer globalmente cuál es la ten-dencia media, cómo se sitúa esta tendencia en relación al objeti-vo, y la dispersión durante un mes dado.

El gráfico de la figura 6-6 está diseñado de acuerdo con estos criterios. En cada cambio de tipo de producción, un observador específico determina el lapso de tiempo transcurrido y adhiere un pequeño círculo engomado en una de las áreas (cada una de és-

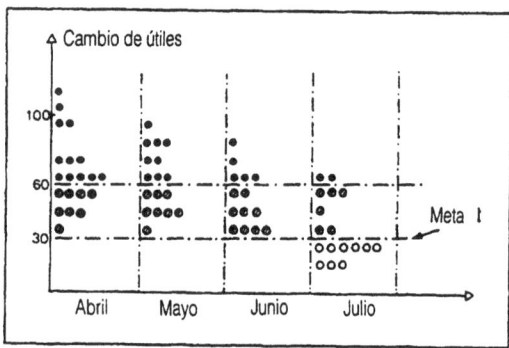

Figura 6-6. Gráfico para registrar el tiempo de cambio de útiles al cambiar las series de producción. La escala vertical se divide en tres zonas. El supervisor utiliza etiquetas engomadas con diferente color en cada zona.

tas representa un intervalo de diez minutos). Al final de mes, sin que se haya tenido que procesar ningún dato, emerge un claro histograma que muestra la distribución de los resultados en relación con el objetivo, así como las tendencias de un mes al siguiente. Midiendo la dispersión, se puede determinar si ciertos cambios en el reutillaje son especialmente rápidos, y otros por el contrario son demasiado lentos, desarrollando a continuación las conclusiones relevantes.

Selección de unidades de medida

Mientras la selección de unidades de medida no es extremadamente importante para realizar cálculos, cuando la meta es la comunicación, la situación es enteramente diferente. Anunciar una tasa de defectos de 4.000 piezas por millón (ppm) asocia la idea de que existe un significativo margen para la mejora, mientras que anunciar lo mismo diciendo que se da una tasa de 0,4 por 1oo aparenta que es inconcebible hacerlo mejor. Es más eficaz decir que se necesitan doce minutos para cambiar un útil que señalar que se precisa el quinto de una hora.

Son preferibles algunas formas de medición porque son menos abstractas, aunque puedan ser menos específicas en términos matemáticos. Por ejemplo, «238 días libres de accidentes en la unidad de mecanizado» crea una impresión mucho más fuerte que una tasa de accidentes de 0,0002». Indicar que una máquina ha operado durante 32 horas sin la más ligera malfunción no es una forma práctica de medir para consolidar los datos de toda la planta, pero para las personas que han visto operar la máquina sin parar durante cuatro días enteros, el período de tiempo expresa un concepto extremadamente preciso.

Mediciones cualitativas

El desarrollo de indicadores de proceso ha conducido a la inclusión de numerosos parámetros cualitativos en los paneles de evaluación de los equipos individuales o unidades de producción. Por ejemplo, se incluyen indicadores de limpieza y orden. El método más simple es un breve cuestionario que indica las características fundamentales que deben monitorizarse (Figura 6-7).

DISEÑO DE LOS GRAFICOS

Evitar la sobrecarga de dibujos o datos

Al reflejar los fenómenos en los que están involucradas, a menudo las personas tienden al exceso. Son frecuentes el entusiasmo desmedido, demasiados datos o demasiada complejidad.

Desde el punto de vista de los observadores de los gráficos, la simplicidad es una ventaja. La exposición de un gráfico con mínimos datos permite ahorrar tiempo al equipo en la actualización y transmite un mensaje que se entenderá con mayor facilidad.

Organice la información en dos niveles: uno para una rápida percepción global, suficiente para captar las tendencias principales, y el segundo para mayores detalles. Una gran curva u otro símbolo pueden indicar una tendencia general. El documento debe instalarse o suspenderse de forma que sea visible para todos.

Fecha: _____	**Encuesta de limpieza**			Visitantes: _____			
Departamento	Colillas	Papeles	Envases de vidrio	Envases de plástico	Envases de metal	Otros*
Estampación						
Piezas						
Chasis						
Pintura						
Ensamble						
Galvanoplastia						
Mecanizado						
Escaleras y servicios:	No. _____	No. _____	No. _____	No. _____	No. _____	No. _____

*Especificar: _____

Los números de escalera se indican en cada puerta.
Coloque una «X» en la casilla apropiada.

Figura 6-7. Planta de Sandouville, de Renault. Este documento para evaluar el nivel de limpieza se completa por los visitantes, que indican sus opiniones sobre la limpieza y orden en la sala. Los resultados se exponen en el principal corredor de la planta.

El segundo nivel de comunicación presenta información adicional, bien con símbolos y letras más pequeños en el mismo documento, o en otro documento, para facilitar clarificación, o para discusiones en un área de reuniones.

Hacerlos grandes y con colores

Como la información debe ser visible a distancia, los gráficos de gran escala, usualmente preparados a mano, son preferiblbles a los gráficos densos generados por ordenadores. Utilice colores, y, tan amenudo como sea posible, emplee gráficos para atraer la atención y facilitar una comprensión global inmediata.

Figura 6-8. Planta de Renault. En el corredor principal de la planta, este tablero indica los resultados de las evaluaciones de los visitantes respecto a la limpieza y orden. Cada mes, se reserva un lugar en el podio de ganadores a tres departamentos. Los anuncios principales a la izquierda dicen: «Sandouville: una planta limpia —cada día, cada semana, cada mes.» El mapa de debajo del podio señala la localización de los tres ganadores del mes.

Exprese siempre las metas con claridad. La misma observación es aplicable para metas y realismo. (Los modos par establecer metas se examinarán más adelante en este capítulo.) La utilización de colores diferentes puede mostrar inmediatamente si las metas se están cumpliendo o no.

Como son los equipos de producción los que completan los gráficos por sí mismos, los trabajadores no deben necesitar seis meses de clases de arte para actualizar los gráficos. El uso de círculos o estrellas adhesivas o marcadores magnéticos es un modo simple de obtener resultados de aspecto profesional. Incluso si una curva se dibuja con alguna vacilación, la apariencia global puede ser aún atractiva.

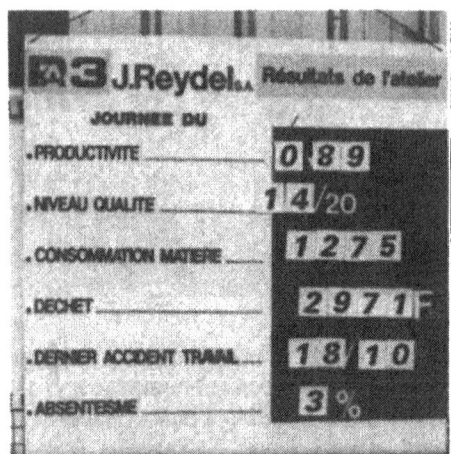

Figura 6-9. Gráfico grande (aproximadamente de tres piés de alto) que cuelga del techo, en la planta de J. Reydel en Gondecourt. Transmite información simple para toda la unidad referente a la productividad, calidad, consumo de materiales, defectos, accidentes más recientes, y absentismo. Aparecen indicadores más detallados en otros gráficos.

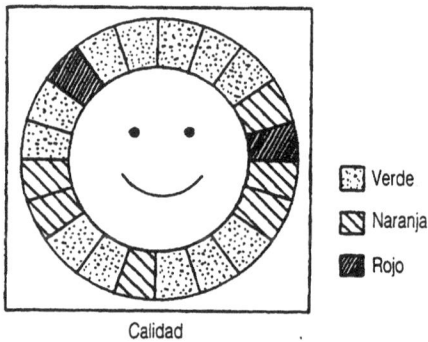

Calidad

Figura 6-10. Gráfico en la planta NUMMI en Fremont, California, indicando resultados combinados (calidad, absentismo, plazos). Cada segmento representa un día. La expresión facial de la parte central enfatiza la calidad de llos resultados globales.

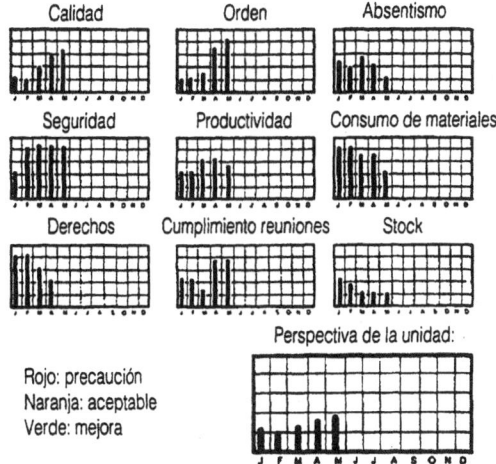

Figura 6-11. Una serie de indicadores mensuales (aproximadamente 3 por 5 piés) en la pared de una unidad en la planta de J. Reydel en Gondecourt. Cada columna puede aparecer en uno de tres colores, dependiendo de la tendencia. El rojo significa precaución, decrecimiento, punto de partida crítico. El naranja significa aceptable, pero es posible la mejora. El verde significa una situación que corresponde a objetivos fijados, o mejoras. La perspectiva global de la unidad se determina obteniendo la media de los nueve indicadores

Estandarizar las reglas de ilustración

Para alguien que desea ver algunos resultados con una ojeada, gastar diez minutos aprendiendo sobre la escala semilogarítmica o un abaco tridimensional es una pérdida de tiempo. Además, si el amarillo es una señal de éxito en la sección de mecanizado, pero representa un desastre en la sección de ensamble, la comunicación se enreda inevitablemente. Hay que adoptar principios compartidos para ciertos aspectos vitales: selección de unidades, modos de representación, colores, signos y símbolos. Por tanto, una etiqueta engomada roja puede significar que no se ha cumplido una meta; una verde puede señalar que la meta se ha superado.

Algunas compañías intentan asegurar que el perfil de una curva posea siempre el mismo significado: ascenso, las condiciones

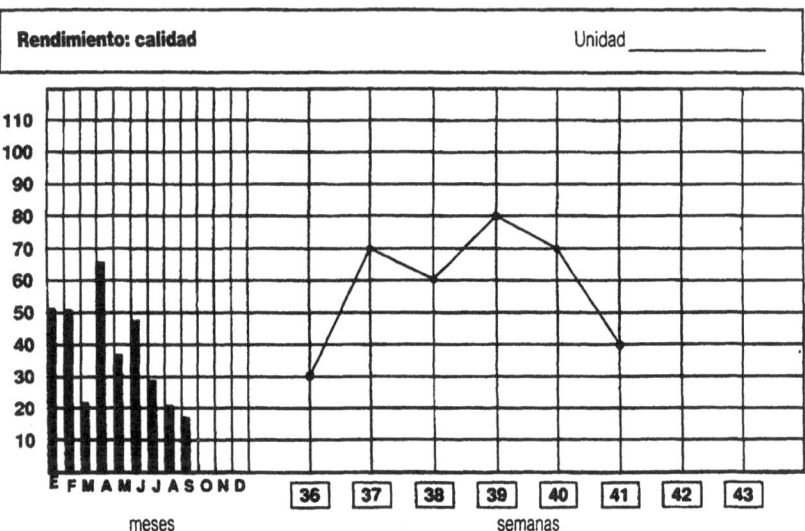

Figura 6-12. Gráfico en la sección de prensas de la planta de Renault, en Sandouville. Los maquinistas mantienen actualizado el gráfico, que presenta simultáneamente rendimientos anuales y semanales. Las curvas se hacen con cinta removible, de forma que el gráfico semanal puede empezarse de nuevo al final de cada período. La figura 6-20 ilustra el tablero en el que está instalado este gráfico

son favorables; descenso, son desfavorables. Este interesante concepto a menudo conduce a problemas prácticos en la selección de la medición. Aumentar el porcentaje de componentes aceptables del 98,4 al 99,2 por 100 es menos impresionante que reducir el porcentaje de componentes defectuosos del 1,6 al 0,8 por 100. A menudo, es más simple dibujar una flecha para indicar la dirección del progreso, o añadir símbolos de reconocimiento cuando una medición dada muestra mejora.

Estandarización, no uniformidad

La estandarización de los modos de ilustración no significa que cada tablero deba diseñarse del mismo modo de una unidad a la

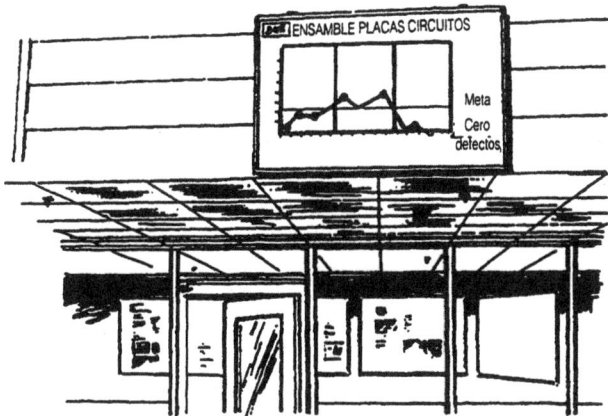

Figura 6.13 Grandes gráficos (aproximadamente 3 por 6 piés) colocados en las entradas de las unidades principales de la planta de Bull en Angers. La mayoría de estos gráficos muestran mediciones de indicadores de calidad (en el sentido de calidad total, incluyendo la calidad de los procesos logísticos, tales como satisfacción de plazos

siguiente. La selección y organización de los indicadores depende primordialmente de la estructura de las unidades de producción. Además, es mejor que cada equipo contribuya con un toque personal a sus propios gráficos.

La personalización no debe dificultar la comprensión. En vez de ello, la personalización puede afectar fuertemente a los elementos estéticos, tales como decoración, accesorios· o bastidores.

Una estrategia apropiada es estimular a un equipo a tomar iniciativas en la estructuración de su propio espacio de comunicación. Debe permitirse la instalación de otra información alrededor del gráfico, tal como novedades del mercado, información concerniente a un nuevo producto o a una máquina instalada recientemente. El montaje enriquece al gráfico, aumentando su atractivo e integrándolo plenamente con las actividades del grupo.

Representación simbólica

Un motorista que pasa al lado de un accidente donde trabaja-dores de los servicios de rescate están atendiendo a las víctimas, afloja rápidamente la presión sobre el pedal del gas. Ver estadísti-cas ordenadas en filas o columnas es una cosa, pero ver un cuer-po sobre una camilla es otra.

Siempre que sea posible, emplee medios concretos para ex-poner información. Tales medios deben estar estrechamente aso-ciados con el fenómeno que representan. Cada uno nos sentimos más afectados por los fenómenos concretos que por las represen-taciones abstractas.

En algunos casos se pueden utilizar indicadores asociados con los propios objetos. Los ejemplos incluyen mostrar un espacio de suelo liberado ahora por las mejoras (figura 7-9), o un nivel visi-ble de artículos rechazados en un contenedor rojo. No obstante, esta forma de representación tiene limitaciones prácticas.

Una solución alternativa es exponer información orientada ha-cia el hemisferio derecho del cerebro, que es sensible a los colo-res y a la representación visual. El lado derecho es también la fuente de las emociones.

Figura 6.14 Planta de Kawasaki Motors en Akashi, Japón. El tiempo que transcurre cuando está parada la línea de ensamble se indica acumulativa-mente en un reloj que cuelga en el centro del área de trabajo. (Técnicamente, es también apropiado un panel con números digitales.) La figura es una indi-cación concreta del tiempo perdido por la unidad entera. El reloj estimula el mis-mo tipo de concienciación en cada uno que produciría llevar un reloj personal y refuerza el sentido de compañerismo del grupo.

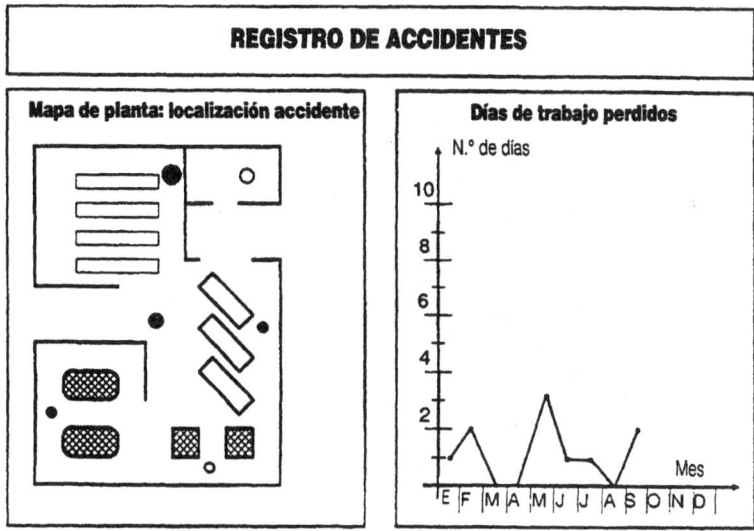

Figura 6-15 Un gráfico para presentar estadísticas de accidentes. La imagen de la distribución («layout») de la planta, utilizando etiquetas engomadas de diferentes colores y formas para indicar los tipos y frecuencias de accidentes, amplía el impacto del mensaje.

Además de facilitar una percepción rápida, los símbolos refuerzan la información básica y la hacen más viva evocando un cierto contexto. El esquema de Poclain referente a una pala cargadora (figura 6-17) es un buen ejemplo. Si mejoran los ratios de calidad, la pala opera con más eficacia, excavando un agujero más profundo.

Los medios técnicos actualmente empleados en publicidad y comunicación confían frecuentemente en estas formas de representación. Por ejemplo, consideremos el símbolo que transmite los resultados de las elecciones legislativas en la televisión francesa: se muestra un semicírculo que representa la Asamblea Nacional Francesa, con los asientos de los miembros distribuidos de acuerdo con los resultados electorales.

Estimule a los equipos a mostrar originalidad, La implicación directa de los trabajadores en la selección de las formas de expre-

Figura 6-16 Un grupo de ensamble de la planta de Sandouville de Renault. Este grupo ha decidido representar algunos indicadores con símbolos asociados a la velocidad de los automóviles. Las posiciones de la aguja indican si la característica medida está en la zona óptima o en la zona roja.

sión o símbolos promueve la asimilación de los nuevos modos de comunicación.

SELECCION DE LOCALIZACIONES

Hay que evitar colocar los gráficos aleatoriamente cuando surge una necesidad, sin prestar adecuada atención a la coherencia de la comunicación.

Los indicadores debe ser instrumentos, del mismo modo que los equipos utilizan prensas de estampación, robots programables, o herramientas fabricadas con acero templado. A toda costa hay que evitar pegar pedazos de papel de cualquier forma sobre las paredes, porque tales papeles revelan la naturaleza marginal de este intento de comunicación.

Crear una auténtica área de comunicación en la que se reúnen los empleados para discutir resultados. Si es posible, facilitar un

Planta Carvin

¡Excavar la diferencia

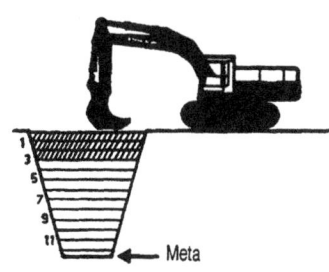

Figura 6-17. Planta de Poclain en Carvin, Francia. Han decidido utilizar el esquema de una pala cargadora como símbolo para representar el progreso en la mejora de la calidad, la reducción de los elementos semiacabados y la reducción de costes. La pala excava el agujero al paso con el que mejora la producción

área a cada equipo. En otro caso, preparar un área común donde cada grupo pueda encontrar gráficos relevantes.

Ilumine bien este área. Algunas fábricas renuevan la pintura del área. Otras, decoran la zona con plantas verdes u otros elementos que crean una atmósfera de convivencia. Cualesquiera decisiones que se hagan sobre la apariencia y localización deben hacerse con la participación de los empleados.

Generalmente, es beneficiosa cualquier cosa que enriquece el entorno de los indicadores. Un arreglo apropiado puede consistir en colocar productos fabricad os por la unidad de trabajo alrededor del gráfico (Figura 6-19). En algunas plantas, se colocan al lado de los indicadores fotografías de resultados obtenidos por los grupos de progreso.

En los Estados Unidos, he encontrado a menudo fotografías de la historia de un equipo de producción: instalación de una nueva máquina, desarrollo de un prototipo, o una celebración del cumplimiento de un objetivo.

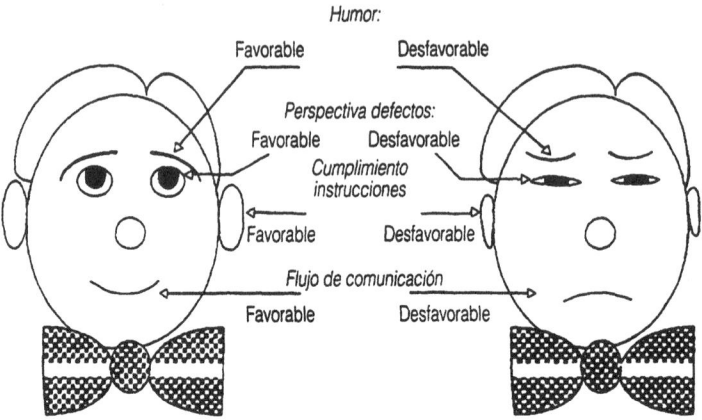

Figura 6-18. Planta de Samsung Electromechanics en Corea. Utiliza este «chico de la calidad», una figura de madera con piezas móviles. Cada equipo tiene una de estas figuras en su área de trabajo. Cada mes, los trabajadores ajustan los ojos, orejas, boca y cejas de acuerdo con evaluaciones conjuntas completadas por el equipo y la dirección.

Figura 6-19. Chasis de un automóvil en la planta de Sandouville, de Renault. La presencia de un producto en el taller ofrece dos ventajas. La ventaja práctica es que permite la discusión de los defectos de forma concreta. La ventaja simbólica es que ver el producto compensa de la naturaleza abstracta de los gráficos.

Un problema de geometría

Como la exposición pública de información se dirige no sólo a las discusiones internas de los equipos sino también al contacto con el entorno externo, su localización debe, hasta el mayor punto posible, situarse en los límites entre el territorio del equipo y las rutas de paso. Estas localizaciones deben ser visibles interna y externamente (véase el arreglo adoptado por ciertos equipos en la planta de Citroën, figura 6-21). Si es que hay que elegir, es mejor disociar la información. Una representación simplificada debe estar visible desde fuera del área de trabajo; los indicadores más detallados deben estar orientados hacia el interior.

Falta de espacio

Las compañías que exponen públicamente sus resultados a menudo encuentran que les faltan espacios. Las paredes alcanzan rápidamente el punto de saturación, especialmente si, como es aconsejable, se seleccionan gráficos de gran tamaño.

Hay múltiples soluciones complementarias. Una es organizar la información por prioridades. Deben asignarse los puntos vitales y los resúmenes a las localizaciones más prominentes, mientras otra información puede situarse en localizaciones menos prominentes (utilizando paneles giratorios, por ejemplo).

Los paneles pueden colocarse sobre el suelo, o en puestos de exhibición, o colgados del techo, o montados en la parte superior de las paredes. Este enfoque trabaja solamente para gráficos de gran tamaño, extremadamente simples. Algunas compañías utilizan los diferentes lados de un cubo o de un exágono, colocado sobre un estante o suspendido.

La actualización puede realizarse haciendo descender los paneles, si se ha preparado un apropiado método para asegurarlos, o utilizando algún mecanismo elevador o escalera.

INICIACION DE PROYECTOS

Los ejecutivos pueden ponerse fácilmente de acuerdo sobre el significado preciso de los indicadores de rendimientos/resultados. Trabajando juntos, últimamente cada uno llega a una clara comprensión de lo que significa cada término. Sin embargo, surge una situación enteramente diferente cuando se trata de exponer indicadores. ¿Cómo puede asegurarse que los indicadores pulsarán la misma cuerda en cada persona que los vea?

El problema se asemeja al previamente examinado de exponer los objetivos de producción. Para que una exposición sea efectiva, debe existir la misma cultura en una compañía.

¿Podemos estar seguros de que el jefe de finanzas de la compañía no es el único que considera los stocks como una carga? ¿No nos hemos encontrado con unidades de producción que secretamente adoran que los almacenes estén rebosantes de materiales, porque disponer de grandes cantidades de los mismos en mano supone que no está en peligro la seguridad del trabajo? ¿No nos hemos encontrado similarmente con plantas en las que las paradas de las máquinas que atormentan a los programadores se contemplan como una bendición por los mecánicos? Bajo estas condiciones, ¿cuál sería el impacto de gráficos que muestren la curva de los stocks y la de fiabilidad de la maquinaria? Se necesita preparación, quizá varios meses para diseminar ideas compartidas sobre el funcionamiento y objetivos de la compañía.

Formar por anticipado

La formación facilita que la fuerza laboral alcance el nivel necesario de comprensión antes de que comience un proyecto. Están involucrados dos aspectos.

El primero es la asimilación de las ideas fundamentales de la dirección que deben seguirse a fin de que la compañía progrese. La estrategia de marketing, la calidad, el control de la producción, la medición de costes, el uso de los materiales y de los recursos humanos, la seguridad, y la mejora continua están entre los conceptos necesarios que aseguran que cada uno conocerá como situar los indicadores en una perspectiva precisa.

Con la formación se explican las motivaciones que se aplican a la exposición de indicadores. Esta ocasión es apropiada para indicar que el propósito de la dirección no es juzgar a las personas, sino dotarlas de un nuevo instrumento para la comunicación y el pensamiento.

Este instrumento permite una mayor precisión. (Nadie debe o puede decir desde ahora «Siempre están retrasados»; en vez de ello, se introduce un indicador para los retrasos.) Este instrumento promueve el diálogo y ofrece oportunidades para crear contactos. Indicadores de equipos son también de interés para las divisiones de compras, métodos y técnica, entre otras.

Los conocimientos generales deben suplementarse por un segundo nivel de formación, más técnico. Deben clarificarse ciertos términos confusos. ¿Qué es una meta? ¿Qué es un estándar? ¿Qué es una diferencia? Las técnicas elementales de medida, la selección de los parámetros pertinentes, la selección de unidades, los tipos de gráficos, y el dibujo de curvas son temas que deben tratarse antes de exponer los primeros gráficos.

Participación del equipo en el diseño de gráficos

Como resultado de la formación, los equipos serán capaces de participar directamente en el proyecto: seleccionando indicadores, diseñando gráficos y produciéndolos. Estas actividades no deben dejarse enteramente a un equipo. Algunos indicadores se comparten por toda la planta, de forma que es necesario coordinar. Asimismo, varios departamentos pueden facilitar asistencia.

En cada caso, la consideración esencial es que un equipo no debe sentirse apartado del proyecto. El proyecto de exposición de indicadores es, por encima de todo, un proyecto propio de cada equipo.

Localización piloto

La instrucción de la información expuesta públicamente debe ocurrir gradualmente. Es generalmente ventajoso el método de la localización piloto, empezando con una localización representativa:

- El grupo de proyecto puede que no incluya inicialmente cada factor, Inevitablemente, se introducirán ciertos cambios. Una localización piloto es una ocasión para crear mejoras.
- Como el intento inicial no es más que un ensayo, es más fácil conseguir la participación de los miembros de un equipo.
- Un equipo piloto puede obtener resultados visibles con extremada rapidez. Es así fácil la diseminación por toda la planta. El personal discute, examina, observa y reflexiona. La curiosidad hace el resto. Puede asignarse la responsabilidad de ayudar al resto de la planta a un miembro del equipo de trabajo que haya realizado con éxito el primer proyecto.

El momento correcto

De acuerdo con el Sr. Hue, ayudante del jefe de la división de montaje de la planta de Renault, debe esperarse a un momento apropiado para empezar un proyecto de este tipo. «Es necesario evitar las ilusiones», decía: «Incluso si hay alguna curiosidad al principio, un panel no es siempre por sí mismo una atracción permanente. El interés se genera sólo cuando un gráfico contesta a cuestiones específicas que tienen los miembros de un equipo.»

Los esfuerzos preparatorios deben concentrarse por tanto en cuestiones en vez de respuestas. Cuando los empleados preguntan ciertas cuestiones, ha llegado el tiempo apropiado para empezar un proyecto.

Ofrecer información

Cuando la planta de Renault decidió desarrollar un nuevo panel que expusiese indicadores en la línea de montaje, estableció un pequeño grupo de trabajo. Este grupo incluía personal de dirección, técnicos y maquinistas. El líder del proyecto era el Sr. Descamps, un jefe de aproximadamente 60 personas de varios equipos de la línea, pero el proyecto se desarrolló para cubrir después a la división completa.

El modo con el que procedió el S. Descamps para asegurar la promoción del proyecto es similar al de una campaña de marketing apropiadamente organizada:

> Tengo la responsabilidad de instalar indicadores en todo el departamento. Cada unidad debe mostrar resultados relacionados con sus actividades. En un grupo de trabajo, definimos como deben calcularse y presentarse los indicadores. Ahora necesitaba promover la idea en mi área de trabajo. Pensaba que debería vender esa idea. Pude conseguir una estimación de una empresa de estudiantes de la Universidad de Le Havre. Dos estudiantes me ayudaron a diseñar panfletos y paneles como los que se emplean en publicidad.
>
> La creación de curiosidad implica desarrollar ideas originales. Cuando pasea por una calle, hay anuncios que ni siquiera mira en ninguna ocasión. Por otro lado, cuando alguien coloca un poster nuevo, las personas prestan atención. Algunos incluso se paran y esperan a ver lo que dice el poster.
>
> Así es como me vino a mí la idea. Para mi siguiente campaña desarrollé un conjunto de posters que pueden instalarse como banderas durante el día, sin distraer a nadie. Los resultados son seguros —durante el almuerzo, los trabajadores preguntarán: «¿Exactamente qué es este proyecto de indicadores?» Entonces contestaré: «Mire, aquí hay un panfleto. Encontrará una explicación completa.»

Cuando empezó el proyecto de exposición de indicadores en la unidad de estampación de la planta de Renault, se formó un grupo de trabajo con la ayuda de dos estudiantes de negocios. Durante una hora cada día durante un período de dos meses el gru-

po se reunió para definir los parámetros clave, seleccionar indicadores y reglas de cálculo, y definir modos de exponer resultados
y paneles de soporte. Uno de los estudiantes explica:

> Esta fue una experiencia enriquecedora. El acto de definir indi-
> cadores de rendimientos/resultados hizo necesario alcanzar acuerdos
> dentro del grupo respecto a lo que parecía importante. Esta era una
> oportunidad sin paralelo para contemplar las perspectivas de los tra-
> bajadores en relación con los puntos de vista de la dirección.
>
> Después de diversas reuniones sumamente animadas, acorda-
> mos los factores a monitorizar. Entonces empezamos a trabajar sobre
> la forma de medir parámetros. Por ejemplo, por el mantenimiento del
> entorno de trabajo, desarrollamos un formato de evaluación a com-
> pletar por un miembro del equipo de producción. Este documento
> es una lista de puntos clave: manchas de aceite en el suelo, stocks o
> elementos extraños en un área dada, orden en las islas y áreas de má-
> quinas, almacenaje de piezas de repuesto en armarios, limpieza del
> área de descanso, condición de los cubos de desechos, etc.
>
> Esta lista fue preparada para completarse rápidamente. Toma
> sólo cinco minutos cada mañana completar esta minievaluación. El
> equipo registra la media de cada semana en el tablero (Figura 6-20).
>
> En términos del método de cálculo, nuestra formación nos hizo
> enfatizar la precisión y el detalle. Sin embargo, este énfasis es un
> error. Es mejor emplear un indicador aproximado directamente rela-
> cionado con el fenómeno que se observa, en vez de un indicador su-
> perlativamente sofisticado que los empleados no pueden asociar fá-
> cilmente con el fenómeno concreto.
>
> Después de verificar los gráficos durante dos meses, llegamos a
> la fase en la que los objetivos debían definirse. En la primera reu-
> nión, la dirección pidió a los empleados que se comprometiesen du-
> rante tres meses con objetivos principales en cuatro áreas: manteni-
> miento del entorno de trabajo, disponibilidad de la maquinaria,
> cambio de las series de producción, y calidad.
>
> En una reunión posterior, los supervisores y personal técnicos
> indicaron los recursos disponibles para alcanzar dichos objetivos.
> Después de una hora de negociación, se estableció un acuerdo.
> Cuando se desarrolló el proyecto, el trabajo del grupo se presentó a
> cien personas en un forum, una reunión en la que presentaban re-
> sultados los equipos de mejora.

Los paneles suscitaron una viva curiosidad en los equipos de otras áreas de trabajo cuando visitaban la unidad de estampación. El grupo de trabajo deseaba que los gráficos fuesen estéticamente atractivos. Un representante de producción sugirió que se repintase el suelo en los lugares de instalación de los paneles. Ahora estas áreas están limpias y atractivas.

El otro día, visitaron la planta algunos alemanes. Emplearon al menos quince minutos delante de los paneles, lo que indica el nivel de su interés. ¡Puede imaginarse el orgullo que sintió toda la unidad!

Figura 6-20. Tablero de indicadores de la unidad de prensas en la planta de Sandouville de Renault. Los indicadores son: mantenimiento del entorno de trabajo (orden, limpieza, seguridad); calidad; fiabilidad de las máquinas (medida por la capacidad para responder a los tickets kanban); tiempo requerido por el cambio de útiles y para obtener la tasa estándar de producción.

DEFINICION DE OBJETIVOS

Exponer resultados sin facilitar modos para que los empleados inicien acción en beneficio del progreso es como ofrecer una balanza a una persona sin darle información sobre la nutrición apropiada. La balanza no puede promover la pérdida de peso. Por el contrario, solamente puede promover desmoralización. Las fábricas son similares. Una persona no estará interesada en las curvas indicadoras a menos de que esté convencida de que los resultados no son meramente una coincidencia. Las personas deben estar convencidas de que pueden influenciar las curvas si ponen voluntad en ello.

Los indicadores no deben exponerse nunca sin facilitar a los trabajadores oportunidades para mejorar el fenòmeno que representan los gráficos. El objetivo expuesto en un tablero constituye una línea o punto de referencia para todo el equipo, y para cada uno capaz de contribuir al éxito.

Los requerimientos para seleccionar objetivos son comparables a los citados para los objetivos de producción en el capítulo 4:

- Los objetivos deben ser realistas. Deben ser accesibles con los medios a adoptar y los pasos que se están tomando en beneficio del progreso.
- El propósito no es sobrepasar las metas, sino alcanzarlas. Mantener con éxito y consistentemente un resultado específico (demostrando así que la situación está bajo control) es más importante que lograr resultados extraordinarios que no conduzcan a ninguna parte.
- Los objetivos deben establecerse como resultado de consenso, de forma que cada persona involucrada se movilice en la misma dirección.

En la planta de Télémécanique, se preparan planes anuales de equipos del mismo modo para toda la compañía, desde los operarios a la dirección. Una vez al año, los directores de división preparan su propio plan, y lo presentan a todos los empleados en una reunión general. Entonces se desarrollan una sucesión de planes en orden descendente, mientras cada ejecutivo transmite las orientaciones y datos del equipo al que pertenece al equipo que dirige.

El líder del equipo de producción prepara un plan con un grupo de voluntarios. Se necesitan generalmente un mínimo e diez horas, divididas entre varias reuniones, para obtener un resultado satisfactorio. Entonces el pequeño grupo presenta el plan al resto del equipo.

El plan consiste en tres fases: diagnóstico, objetivos y plan de acción. La dirección asigna al equipo guía oficial para desarrollar los detalles de cada una de las tres fases. El mismo documento se utiliza por el equipo de dirección y los equipos básicos de las unidades de producción.

La definición de objetivos tiene varias reglas en cuenta: los objetivos deben ser mensurables, limitados en número, y obtenibles. Además, se debe alcanzar consenso en el proceso de discusiones.

Como indicaba un director, el establecimiento de objetivos es un proceso delicado: «Se requiere una cierta finura. Tenemos que buscar suficiente consistencia con los objetivos del nivel superior de la jerarquía, sin imponer objetivos que el equipo pueda considerar son incapaces de conseguir.

«Tienen que perfilarse las opciones», añadió, «sin forzar a los participantes. Hemos observado que, en tanto que se ha mantenido esta filosofía, se han conseguido efectos extremadamente favorables en la habilidad de los empleados para planificar resultados. Las personas son conscientes de sus capacidades, de forma que cuando establecemos un objetivo, en la mayoría de los casos, se cumplirá».

Este proceso preparatorio puede parecer dificultoso, comparado con la colocación de un gráfico en una pared y definir los objetivos dibujando líneas rojas para el mes próximo. Sin embargo, si omite esta fase se arriesga a convertir los objetivos en un espejismo en vez de en un compromiso.

En la planta de Télémécanique, el compromiso es ahora un

componente distintivo de la cultura de la compañía. En una entrevista con miembros de un equipo de producción, les pregunté sobre el motivo que les inspiraba para perseguir los objetivos indicados. Su réplica fue instintiva: «Nuestro honor está en juego».

ACTUALIZACION CONTINUA

Cuando el Sr. Savoye, director de la planta de Sandouville de Renault, ve un documento de indicadores que no se ha actualizado durante varias semanas, ordena retirarlo del área de trabajo: «Si un documento no se completa —explica— significa que las personas no están convencidas de su utilidad. Si permitimos que permanezca tal como está, estamos demostrando que la exposición de indicadores se impone por la alta dirección. Esto es algo absolutamente opuesto a nuestra orientación.»

Mantener gráficos cuando los usuarios han cesado de interesarse por ellos es una trampa que la mayoría de las compañías no pueden evitar fácilmente. Cuando los gráficos se instalan por primera vez, se benefician de un alto nivel de curiosidad. Todos los miran para ver si las curvas ascienden o declinan, como se mira el cielo para saber si mañana lloverá o lucirá el sol. Es difícil sostener esta clase de interés durante los meses siguientes.

Enfoque voluntario de la actualización

Si la perspectiva de la dirección que rige la exposición de indicadores incluye suministrar información útil, es un error distribuir un informe que se haya preparado previamente sin aportación del equipo. Entendiendo que se procede correctamente, algunas personas creen que pueden ahorrar tiempo porque el documento está ya listo para exposición, pero a lo largo de este camino lo que se pierde es el asegurar que el indicador continuará generando interés. El gráfico se mantendrá actualizado siempre, pero nadie sabrá si los empleados lo necesitan verdaderamente.

Por tanto, es el equipo el que debe hacer la actualización. Los miembros del equipo no deben hacer necesariamente cada cálculo y preparar cada documento. Sin embargo, debe existir una conexión voluntaria dentro de la cadena de proceso. Incluso si las estadísticas o gráficos se generan por computador, los empleados deben participar activamente en mostrar los resultados, por ejemplo, transfiriendo manualmente los datos desde una pantalla de ordenador a un gran gráfico.

Esta es verdaderamente la comunicación visual. En vez de imponer la información a los usuarios potenciales, se les permite expresar una necesidad. La información se requiere desde abajo, de acuerdo con el principio de autoservicio[5].

Tiempo insuficiente

Algunos directores de planta temen que la actualización de la información puede originar que los empleados de las unidades de producción pierdan cantidades de tiempo significativas. Con todo, cuando hay muchos indicadores nuevos, éstos están ampliamente dispersos y descentralizados. Cada pequeño equipo es responsable de monitorizar tres o cuatro de ellos. Por tanto, la descentralización requiere unos pocos minutos cada día.

Al mismo tiempo, están evolucionando los conceptos sobre cómo deben gastar su tiempo los trabajadores de producción. El tiempo de una fábrica ya no se asigna exclusivamente a la producción de piezas. (Además, la creencia de que los empleados gastan verdaderamente su tiempo sólo en producción es una ilusión de algunos directores, especialmente considerando las interrupciones imprevistas.)

---

[5] Para este tipo de trabajo son muy convenientes los microordenadores. No obstante, hay que asegurar desde el principio que se adopta una orientación consistente con este tipo de *hardware* —un instrumento descentralizado. En Physio-Control, los documentos para las unidades de producción no se separan en microordenadores hasta que la unidad es capaz de preparar por sí misma el documento.

Los empleados han empezado a asumir la responsabilidad de nuevas funciones. Este cambio se advierte especialmente en las plantas que han adoptado el enfoque «just-in-time». Cuando un elemento fabricado en localizaciones «aguas arriba» no se necesita en localizaciones «aguas abajo», es imperativo parar la producción del artículo. Como no siempre es posible fabricar algún otro producto, los empleados deben ser capaces de realizar tareas fuera de programa. Actualizar indicadores, limpiar y revisar las máquinas, asumir responsabilidades sobre documentación visual, y analizar resultados son trabajos útiles que no incrementan el stock.

DIALOGAR

«Cuando deseo discutir resultados con los miembros de un equipo», me decía un director de unidad de Ernault Toyota, «les digo: "Bueno, ¿cómo van a ir las cosas hoy? ¡Miremos el gráfico!".»

«Entonces nos desplazamos hasta el gran panel donde se exponen los indicadores. Permanezco silencioso, y no hago comentarios. Si los gráficos están hechos apropiadamente, no debo ser la primera persona en decir algo. Puedo esperar que la persona que está a mi lado me facilite una interpretación espontánea de los resultados. Ella es la que explica lo que ha ocurrido la semana anterior. Si hubiese habido problemas me dirá porqué. Si las cosas han ido bien, también pregunto porqué. Evito dejar que la conversación se centre en todo momento sobre los problemas. Es necesario hablar también sobre lo que marcha bien.»

Dirección paseando alrededor

El término empleado a veces para este estilo de dirección mediante contacto directo es «Dirección paseando alrededor» (MBWA). MBWA no es dar un paseo, estrechar manos, repartir sonrisas, y decir «Eh, ¿qué tal con la remodelación de su casa, el resultado de la pesca, el nacimiento de su hijo?» Este tipo de charla no es perjudicial, pero es meramente cortesía.

Descentralizando y facilitando instrumentos de gestión en las localizaciones de producción, la dirección ha ampliado en efecto el número de gestores. Reunirse delante de un gráfico con un líder de equipo y preguntarle que piensa hacer su grupo para reducir el nivel de defectos de la prensa de estampación desde el tres al dos por 100 es una conversación de dirección. Hablar con los operarios sobre el estatus de un proyecto para el cambio rápido de útiles, cuyo programa aparece en el gráfico de proyectos, es una conversación de dirección. Preguntar a los supervisores de unidad sobre los problemas concernientes a los plazos con los suministradores de cajas es también una conversación de dirección.

La comunicación visual es un medio formidable para estimular el contacto informal dentro de una compañía, promoviendo la comunicación directa entre iguales, sin una cadena de mando. La situación no implica a operarios remitiendo informes a supervisores. En vez de esto, dos partes responsables intercambian observaciones sobre la realidad. El éxito de un proyecto de exposición pública de información depende significativamente de la habilidad de la dirección para utilizar los gráficos para estimular el flujo de observaciones, comentarios e ideas constructivas.

Una invitación para la discusión

Se ha resaltado ya anteriormente la necesidad de crear gráficos extremadamente claros variables desde lejos. ¿Qué distancia se recomienda? ¿Dos piés? ¿Veinte piés? No hay respuesta simple. Un director de unidad de la planta de Renault en Sandouville ve así la situación en su propia parcela:

> Cuando está en nuestra sección comprueba que cualquiera que pasee por la isla —visitantes, colegas o directivos— puede decir si la curva asciende o desciende. Sin embargo, vista desde cierta distancia esta información no es suficiente. ¿porqué asciende la curva? ¿Porqué desciende?
>
> Cuando el personal que pasa por allí se plantea tales cuestiones, están indudablemente interesados en acercarse, porque les intriga la

curva. Si están interesados, es probable que desearán plantear cuestiones a cualquiera que esté cerca de la curva. «¿Qué está ocurriendo con el plan para reducir defectos? ¿Qué gestiones se hacen para mejorar la calidad de los artículos que se suministran? ¿Se está reduciendo el absentismo?» Es importante saber que los directores que pasen por allí pueden empezar a preguntarle. Este es un estímulo terrorífico para tener opiniones claras sobre cada tema, y para monitorizar constantemente los resultados.

Esto contesta a mi cuestión sobre la distancia a la que deben ser legibles los gráficos. Una porción del mensaje debe ser visible a la distancia apropiada para cualquiera que pase por allí. Sin embargo, no es deseable que al mismo tiempo todo sea distinguible. El propósito de exponer información no es meramente impartirla, como en la era del control externo, sino también estimular el diálogo.

Por tanto, debe ser posible que los que pasen vean algo que les inspire para acercarse —una curva, un color o una sombra. Esta es una característica innovativa del material expuesto: la insuficiencia de la información a distancia da a la comunicación una dinámica distintiva.

La comunicación visual es por tanto una invitación continua al diálogo. Esta discusión surge si una persona que pasa por delante de un gráfico se dispone a conversar, pero es también un diálogo imaginario entre una persona que trabaja en el territorio y otra persona que pasa por allí sin decir nada. El trabajador sabe que el que pasa ve el indicador y puede conjeturar lo que piensa.

Una nueva función para la supervisión a nivel de taller

Si esta discusión sobre los documentos expuestos continúa, cambiará la función de los supervisores de las unidades de producción. Las personas con esta función han recibido poca formación para el tipo de comunicación que se requiere, en la que se buscan resultados a través de la influencia. Cuando una persona instruye a otra sobre cómo completar una tarea, cambiar la estación de trabajo, o mover una carretilla, éstas son órdenes y la función de la otra persona es obedecer.

Actualmente, el desafío es cómo persuadir, cómo motivar a los grupos y personas, y cómo despertar curiosidad. Exponer indicadores no puede tener éxito a menos que el personal de supervisión esté preparado para un nuevo modo de comunicación.

La tarea diaria

Un supervisor en la planta decía que, buscando transformar los gráficos en un polo de atracción, había redescubierto las virtudes de la publicidad.

Como compro a menudo en supermercados, veo que emplean un lema publicitario diferente cada día. Siempre hay algo nuevo para atraer la atención del cliente. Pensé en hacer algo similar. Coloqué un tablero borrable detrás de los gráficos, y escribía un mensaje diferente cada día. Eran éstos mensajes breves sobre las actividades del equipo o de la compañía. «Nos visitará un cliente británico.» Tendrá lugar una reunión el lunes a las ocho para clarificar nuestro enfoque respecto a la calidad.» «Han llegado los guantes protectores.»

De este modo, los trabajadores viene a echar un vistazo cada día, porque son curiosos, o porque es como mirar las novedades en televisión. Cuando están allí, echan un vistazo a las curvas. He organizado los gráficos en la isla, al otro lado de mi oficina. Por tanto, cuando uno de ellos se para y mira las curvas estando yo en la oficina, puedo salir y decirle: «¿Qué piensa?» Entonces expresa su opinión, y comienza un diálogo.

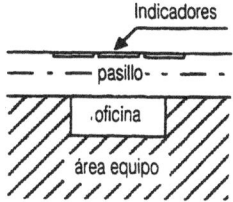

Figura 6-21. Planta de Citroën en Caen. Posición de los indicadores.

ASEGURAR LA INTEGRACION
DE LOS PROYECTOS DEL EQUIPO

En ciertas plantas, se pueden observar gráficos con datos o curvas en los corredores principales (Figura 6-22). Estos son los indicadores de resultados principales de la planta, que resumen datos generales. He dejado la discusión de estos para el final porque intentar interesar a los empleados en la exposición de información global es inútil si no es ya habitual la exposición de información localizada.

Una vez que los empleados han aprendido cómo funcionan los indicadores de sus secciones, se interesarán en los indicadores de otras partes de la planta. Proceder de lo específico a lo general, y no viceversa, es el proceso adecuado.

No es siempre fácil lograr la armonía entre los objetivos de los equipos y los de la compañía. Como en el caso de Télémécanique, el proceso depende significativamente del método adoptado cuando se definen los objetivos.

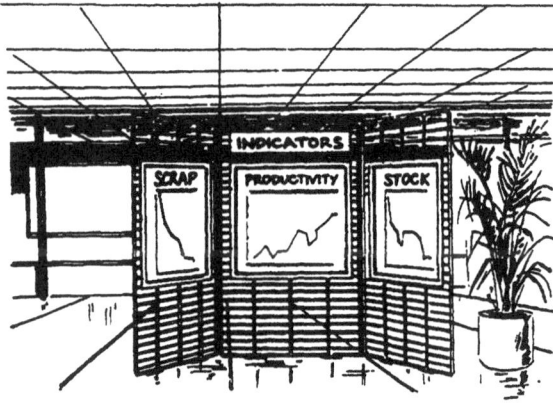

Figura 6-22. Indicadores visuales en la entrada de la planta de Sandouville de Renault.

La calidad de la integración de los objetivos depende principalmente de los esfuerzos de los líderes. En las reuniones de las
unidades de producción, los líderes de equipo deben representar
simultáneamente los resultados de equipo y los de la compañía,
resaltando la conexión entre las estrategias de la compañía y el
modo con el que despliegan las actividades en el lugar de trabajo
(véase figura 6-23).

Debe utilizarse cada oportunidad para reforzar el sentimiento
de unidad y coherencia. El periódico de la compañía puede incluir
una sección de los resultados de las unidades de producción. Hay
que utilizar los mismos indicadores para los equipos de producción y toda la planta. En Renault, se expone un índice de calidad
calculado con el mismo criterio simultáneamente en la entrada de
la planta, en las unidades de producción, y en los paneles de equipos. Los distintivos de la compañía utilizados en todos los impresos y gráficos contribuyen al sentimiento de unidad (Figura 6-24).

Cuando la planta ha completado con éxito los esfuerzos de ali-
neamiento, cada empleado se siente parte de un conjunto. El Sr.
Malherbe, ayudante de director de departamento en la planta de
Renault, explicaba: «Como consecuencia de su conocimiento de
los objetivos y resultados, y de su comprensión del entorno global, nuestros empleados son profundamente conscientes de sus
contribuciones a las capacidades competitivas de la compañía. Cada uno tiene el sentimiento de contribuir con una piedra a la construcción de la catedral.»

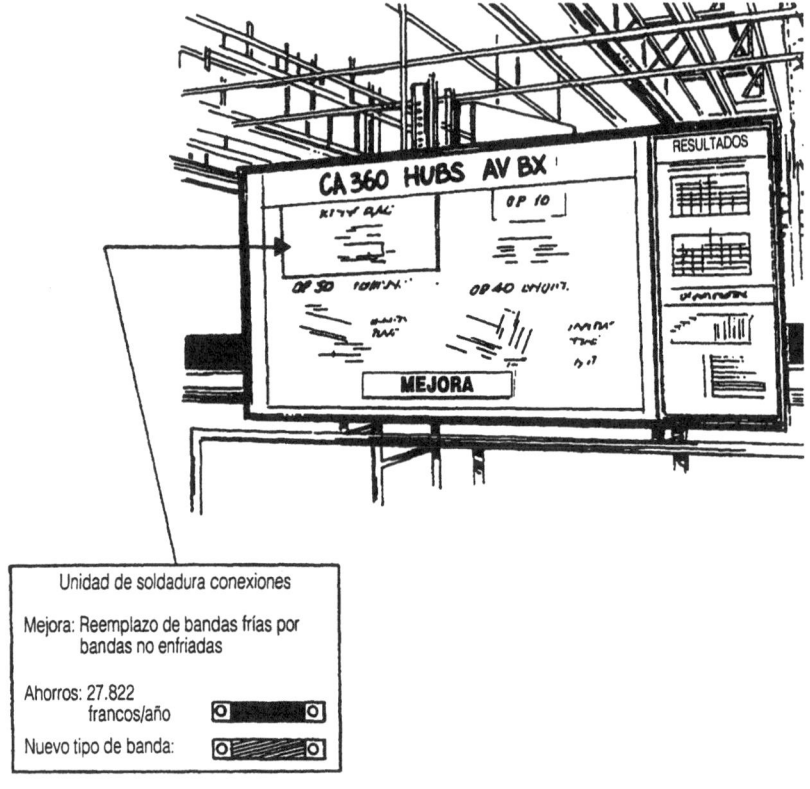

Figura 6-23. Planta de Citroën, en Caen. La presentación de curvas de resultados y una muestra de logros que han conducido al progreso es un modo eficaz de reforzar la asimilación de indicadores en un contexto global. La persona responsable de una máquina en la que ha tenido lugar una mejora puede visualizar los avances técnicos y su favorable impacto en los resultados al mismo tiempo.

Figura 6-24. Planta de Solex, Evreux. Cuando se comienza un proyecto en una compañía, hay que definir símbolos o eslóganes que aparezcan en cada gráfico de indicadores, desde los mostrados en las áreas de trabajo a los visibles en las oficinas de los directivos. La coherencia de las formas refuerza el sentimiento de participar en un propósito colectivo. Este logo (un caballero armado) se emplea para simbolizar la calidad total. Aparece en los gráficos de indicadores y en distintivos que se entregan a personas que han completado ciertos niveles de formación.

7
Hacer visible el progreso

Hace unos pocos años, se instaló un buzón de sugerencias en una gran planta que fabrica componentes electrónicos. Durante los pocos primeros meses, se remitieron algunas sugerencias. Después, el interés decayó rápidamente. Pasado un tiempo nadie volvió a abrir el buzón. Un año más tarde, la llave había desaparecido. «En ese punto», decía el director de producción, «nadie se atrevía a romper la cerradura, por el temor a encontrarse dentro sugerencias viejas de más de seis meses».

Este es un destino lamentable para un objeto diseñado para alimentar la ingenuidad, un símbolo de la inteligencia humana. El buzón de sugerencias no solamente falló en rendir resultados, sino que resultó una trampa, sepultando las ideas sin devolverlas.

¿Porqué rinden los buzones de sugerencias resultados tan pobres en las fábricas? Hay varias razones. El concepto no se apoya sobre un fundamento suficientemente amplio. Como a menudo las ideas parten de los mismos individuos, un buzón de sugerencias puede ser elitista. Difícil de gestionar, le falta una dinámica propia y no genera entusiasmo. Esencialmente, un buzón de sugerencias es un método inadecuado, lo que explica que la mayoría de las compañías lo hayan abandonado.

Que una compañía no haya abierto nunca su buzón de sugerencias es un caso extremo. Sin embargo, esta historia es verdadera, y revela la inadecuación de los modos tradicionales de promover la participación. Sin embargo, si el concepto de mejora en las fábricas no hubiese cambiado durante la pasada década, habría pocas razones para escribir este capítulo. «Hay algo menos visual como método que un buzón de sugerencias?

Dos componentes de la mejora

La mayoría de las compañías reconocen ahora que la mejora de la fabricación depende de dos componentes. El primer componente, que es tecnológico, implica alterar la estructura del modo de producción. Se instala nueva maquinaria, se desarrollan robots, y se crea tecnología más productiva. Este proceso se origina fuera de los lugares de trabajo.

El segundo, en el lugar de trabajo, implica mejorar la eficiencia sin cambiar la estructura de la producción. La mejora interna descansa en la observación directa de la realidad. ¿Porqué se ha ignorado este componente durante tanto tiempo?

Primero, es difícil para las organizaciones centralizadas coordinar un modo de progreso que depende de la observación de los detalles y conduce a numerosas mejoras pequeñas. Segundo, estamos en el final de una era de crecimiento, un período de expansión en el que las plantas han estado orientado primordialmente a desarrollar nuevos recursos en vez de mejorar los recursos existentes.

Las rupturas estratégicas pueden eclipsar fácilmente otras formas de acción cuando deben conquistarse vastos territorios, cuando el terreno permite el despliegue de vehículos pesados, y cuando la fuerza prevalece sobre la agilidad. Por otra parte, cuando se necesita maniobrar en un campo limitado, para ganar terreno lentamente, y dominar la complejidad, la habilidad para analizar y observar la realidad resurge como vital.

Este capítulo se centra en ese tipo de agilidad analítica que conduce a la mejora. Los japoneses llaman a este progreso *kaizen*[1]. Aquí nos referiremos al mismo como la *mejora continua*.

---

[1] De acuerdo con Masaaki Imai (*Kaizen,* op. cit., pág. 3), el término significa «mejora continua que involucra a todos, directivos y trabajadores. La filosofía kaizen asume que nuestro modo de vida —sea nuestra vida de trabajo, nuestra vida social, o nuestra vida familiar— merece mejorarse constantemente». Imai resalta que kaizen es un estado espiritual que estimula a cada uno a considerar como inusual que las condiciones no evolucionen continuamente. Cita un proverbio japonés: «"Si no se ha visto a un hombre durante tres días, sus amigos deben buscarle para ver qué cambios le han sucedido." La implicación es que debe haber cambiado en tres días, de forma que sus amigos deben estar atentos para observar los cambios.»

HACIENDO VISIBLE LA ORIENTACION

Cada función de una compañía puede caracterizarse por una imagen. Un departamento de ventas tiene un aspecto conquistador, jactándose de penetrar en mercados, luchar con competidores, y aplicar estrategias ganadoras. El departamento de investigación desarrolla nuevos productos, incorporando el poder de la imaginación y el mundo del futuro. El departamento de finanzas evoca el misterio y seducción del dinero, así como el privilegio de operar dentro de un territorio exclusivo.

Por otro lado, podemos caracterizar la producción tan brevemente como es posible: la producción es una función examinada solamente en respuesta a sucesos indeseables. «El pedido de Lucio está retrasado.» «Hay demasiado stock, y tendremos excedentes no vendidos.» «¡Se ha producido un accidente en la sección de prensas!» «¿Está aún parada la línea de mecanizado?»

Cuando todo va bien en la producción, no hay nada que decir.

Un niño abandonado

Dorothy Jongeward y Philip Seyer explican que la necesidad de reconocimiento es tan fuerte en los seres humanos que si se priva a alguien de oportunidades para ganar reconocimiento por hechos dignos de alabanza, pueden buscar reconocimiento por acciones peligrosas. Los niños abandonados desarrollan pronto una actitud que les permita como mínimo obtener un reconocimiento desfavorable: «Cualquier reacción es mejor que ningún contacto; cualquier signo de reconocimiento, incluso si es desfavorable, ¡es mejor que ninguno!»

En el entorno industrial, la producción se contempla a menudo como el niño abandonado de la dirección. Pero, con una verdadera revolución cultural en la industria sucediendo en los tiempos actuales, es legítimo preguntar si la nueva filosofía facilitará el reconocimiento de la producción.

No hay garantías. Debemos ser honestos: ¿Cómo una persona que valora la conformidad puede llegar a ser entusiasta de la calidad total? ¿Cómo puede alguien que prefiere la estabilidad llegar a ser entusiasta de los métodos «just-in-time»?

Considere las plantas en las que los retrasos se acumulan sistemáticamente al comienzo del mes hasta que los clientes empiezan a quejarse. Hacia el final de mes los retrasos se han superado al precio de grandes esfuerzos.

¿Qué dirá el personal el día que los plazos se cumplan y los componentes estén bien hechos? Cuando el margen para el reconocimiento se deja vacío por la reducción de estos desordenados esfuerzos, ¿qué indicadores favorables se podrán señalar?

No cada cultura muestra una aptitud natural para aceptar sistemas de estándares, como lo hace la cultura japonesa. La aplicación de estándares, los compromisos de honor, la estabilización de procesos, y, en general, reemplazar la excitante guerra eterna contra los factores aleatorios por esfuerzos «sosegados» y persistentes que gradualmente desvanecen esos factores, puede llevar a una profunda angustia existencial a algunos entornos occidentales.

Signos equivocados de reconocimiento

Rara vez se ha enfocado apropiadamente el problema del reconocimiento de la producción. Poco puede decirse de una fábrica pacífica, pero puede decirse mucho sobre los pasos para lograr ese estado. Poco puede decirse sobre procesos estabilizados, pero puede decirse mucho sobre el extraordinario trabajo necesario para descubrir los numerosos factores perjudiciales y encontrar remedios.

Un error ha sido orientar las indicaciones de reconocimiento hacia los resultados en vez de hacia los procesos que permiten obtener resultados. Distinguir entre procesos y resultados se relaciona con una perspectiva diferente. Las compañías occidentales están descubriendo lentamente la distinción, mientras, en Japón, de acuerdo con Masaaki Imai, esta actitud es consistente con su cultura nacional.

Imai cita muchos ejemplos de la vida diaria en Japón, por ejemplo: en la popular lucha sumo se otorgan muchos premios a los luchadores por la calidad de la ejecución de los combates, incluso aunque no hayan ganado. Similarmente, en el templo Fushimi Inari cercano a Kyoto, los visitantes deben pasar por 15.000 *torii* de madera (puertas de madera) antes de alcanzar el altar. Imai dice: «Al tiempo que alcanza el altar, el peregrino está inmerso en la atmósfera sagrada del templo y su espíritu está purificado. Llegar hasta allí es casi tan importante como la oración misma».

Una medalla por un poco de té

En otro ejemplo, Imai cuenta como los servidores de la cafetería de una planta de Matsushita formaron un círculo de calidad para investigar el consumo de té durante las comidas de mediodía.

Aplicando métodos estadísticos precisos, registrando cuidadosamente el consumo de cada mesa, y distribuyendo consiguientemente de modo juicioso las teteras, redujeron las compras de té en cerca de un tercio. «¿Cuánto dinero se ahorró con estas actividades?» Probablemente muy poco. Sin embargo, fueron recompensados con la medalla de oro presidencial de la lista anual de premios de la compañía.

La medalla presidencial —la más distinguida de las recompensas de la compañía— reconoció la originalidad de estos esfuerzos en un contexto no usual. El resultado de ahorrar algunas hojas de té tiene significado solamente en cuanto que revela la metodología de orientación al progreso de los camareros. El uso de esta metodología en la cafetería demostraba que los valores y métodos colectivos se habían absorbido por el conjunto de la fuerza laboral de la planta.

La medalla del Presidente honraba la expansión del capital intelectual de Matsushita. Si los mismos ahorros hubiesen procedido de un descuento de un proveedor, por ejemplo, habrían significado meramente un crecimiento en el capital financiero de la empresa.

Un problema difundido

¿Cómo puede motivarse a individuos que son una pequeña fracción de una compañía para apoyar los esfuerzos del conjunto? ¿Cómo puede motivarse a los operarios de máquinas a emplear menos aceite cuando los ahorros alcanzados con esto alcanzan solamente unos pocos cientos de dólares mientras el capital de la compañía se especifica en millones o cientos de millones de dólares?

Las prácticas del presidente de Matsushita ofrecen una respuesta. Hacer meramente visibles los resultados financieros, con una orientación contable, descorazona las responsabilidades del personal respecto a pequeñas cantidades. Los ahorros con el lubricante son probablemente pequeños. Sin embargo, el método necesario para obtener estos ahorros —observación de hechos, análisis, y acción— se asemejan estrechamente con los métodos que los ejecutivos aplican para invertir millones.

La implantación de la visibilidad no puede limitarse meramente a los resultados. La orientación entera, con una secuencia coherente de fases, debe ser visible: el método, las ideas, la planificación de las actividades en marcha, los logros, la satisfacción, y la participación en el proyecto de toda la compañía.

¿Cómo pueden organizarse prácticamente las fases de la exposición pública de las mejoras? El resto de este capítulo tratará esta cuestión.

UNA CAJA DE INSTRUMENTOS

Examine el documento de la figura 7-1. Los directores de la planta de Sandouville de Renault han creado un rectángulo de plástico amarillo para ayudar a los empleados en sus esfuerzos para resolver los problemas de producción. El Sr. Savoye, director de producción, dice:

> Lo que está escrito en la tarjeta no es el único factor importante. Lo que importa es su existencia física y el hecho de que cada empleado, cada técnico, ejecutivo, y trabajador tiene una.

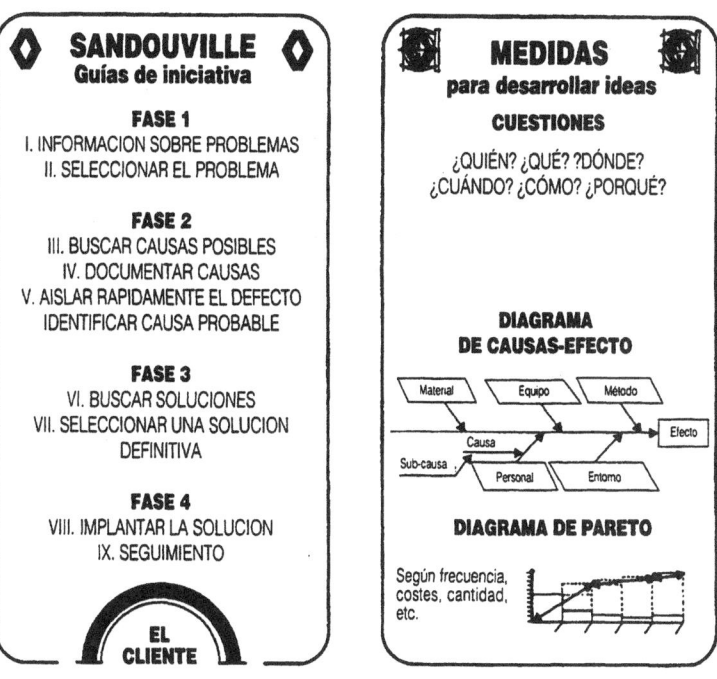

Figura 7-1. Planta de Renault en Sandouville. Las dos caras de una tarjeta de «iniciativas».

Cuando alguien se queja de un problema, Vd. saca esta tarjeta, que es familiar a todos, y pregunta «¿En qué posición está respecto a este método? ¿Tiene información completa sobre el problema? ¿Ha analizado las causas probables? ¿Ha comentado con sus colegas respecto a diferentes orientaciones?» La tarjeta recuerda a las personas que hay un método para buscar mejoras y que todos tenemos acceso al mismo.

Todos los miembros de la fuerza laboral guardan en sus bolsillos las tarjetas como herramientas de uso frecuente. Esta tarjeta ayuda a desmitificar la «mejora» y contribuye a pensar en la misma durante las actividades diarias.

El primer mensaje que transmite la tarjeta es que la mejora no surge de inspiraciones súbitas. Las soluciones no emergen por ca-

sualidad, ni son sucesos aleatorios hijos del destino. Como casi todo, la mejora debe organizarse, y el método debe aprenderse.
Además, el título de la tarjetas —Medios para Desarrollar Ideas—
expresan el principio perfectamente. Para crear una verdadera dinámica de la mejora, el lugar de trabajo necesita una caja de herramientas, no justamente un buzón de sugerencias.

Estos medios han llegado a ser un lugar común en muchas
compañías. El auge de los círculos de calidad y otros grupos de resolución de problemas ha popularizado los análisis de datos y las
encuestas, el proceso estadístico, la clasificación mediante el análisis de Pareto, y otros, todos ellos medios de búsqueda de causas
y efectos, técnicas creativas, etc.

Hacer estos medios metodológicos visibles en el lugar de trabajo añade una dimensión simbólica. Justamente como la exposición de documentos técnicos en las estaciones de trabajo afirma
las responsabilidades de los operarios en la fabricación, la exposición o distribución de documentos metodológicos reconoce la responsabilidad de los trabajadores en la mejora. Si es visible la función primaria de una unidad de producción —producir artículos—
entonces su función secundaria —producir mejoras— debe ser similarmente visible.

RESOLUCION CONTINUA DE PROBLEMAS

Entre los recientes métodos para ayudar a los grupos en la resolución de problemas, el CEDAC merece una atención especial.
CEDAC, que significa «Diagrama de causas-efecto con la adición
de tarjetas», permite a los grupos completar con éxito proyectos.
Su dinámica y coherencia son particularmente eficaces. Ryuji Fukuda, inventor del CEDAC, ofrece una descripción de este método en *Ingeniería de Dirección*[2].

El CEDAC se aplica en un contexto práctico en la planta de
Simpson Timber cercana a Seattle, Washington, donde estaban en

---

[2] Ryuki Fukuda, *Ingeniería de Dirección* (Productivity Press-TGP, S.A., 1990),
y CEDAC (Productivity Press, 1990).

progreso aproximadamente 30 proyectos en el momento de mi visita. Los gráficos están usualmente colocados en áreas de trabajo o de reuniones (Figura 7-2).

Los gráficos cubren diversos temas: mejorar el output de una máquina de descortezar troncos de árbol, incrementar la disponibilidad de tiempo de una sierra, mejorar la salud y las condiciones de seguridad, y reducir el ciclo de producción en un área de trabajo específica.

La característica distintiva del CEDAC es que es un instrumento multifuncional. El CEDAC promueve la creatividad y ofrece los medios para supervisar proyectos. Estos elementos se combinan en el mismo gráfico:

* Una descripción sucinta del proyecto, incluyendo una descripción cuantificada de la situación inicial y de la meta especificada para una fecha dada.
* identificación de los participantes: miembros del grupo núcleo y el líder del proyecto.
* un gráfico para rastrear la mejora que mide una o más variables.

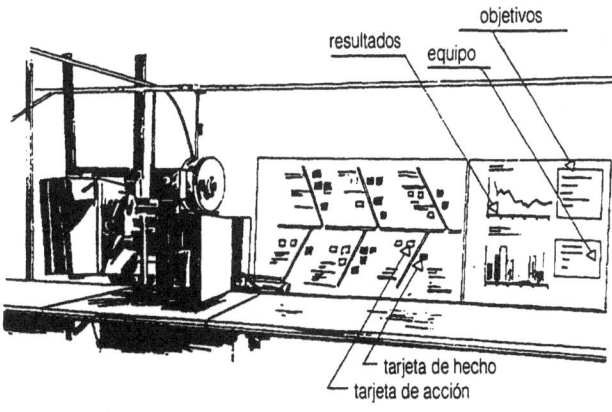

Figura 7-2. Ejemplo de CEDAC en la planta de Simpson Timber cercana a Seattle, Washington, colocado cerca de una sierra para mejorar el nivel de fiabilidad de la máquina.

- un área para registrar ideas a verificar, con el nombre de la persona que realiza el test.
- una estructura analítica para investigar las causas.

El equipo de proyecto adhiere dos tipos de tarjetas sobre las espinas de la parte de investigación de causas de la estructura (se trata de la conocida estructura en espina de pescado). Estas tarjetas pueden ser pedacitos de papel adheridos con tachuelas o cinta, o etiquetas engomadas.

1. Una «tarjeta de hechos» amarilla contiene datos relacionados con una observación específica sobre el problema considerado. Como el diagrama CEDAC está situado cercano a la posición del problema, es posible recoger una amplia variedad de ideas de diversas personas. El concepto de «hechos» del CEDAC es más amplio que el concepto de causas que se disponen en el tradicional diagrama de causas-efecto.

   Las tarjetas CEDAC pueden utilizarse también para hacer observaciones u ofrecer información relevante sobre el problema, tales como correlaciones, anomalías específicas, mediciones, o hipótesis —los hechos en bruto cuya función resalta Paul Everett cuando habla a sus equipos de producción en la planta Simpson.

   Las tarjetas CEDAC también contienen los nombres de los redactores de las tarjetas y las fechas. En algunos casos, los equipos toman fotografías y las colocan al lado de las tarjetas de hechos para facilitar información adicional.

2. Una «tarjeta de acción» azul o «tarjeta de mejora» se coloca cercana a una o más tarjetas amarillas. Aquí, también, el concepto de «acción» no debe confundirse con una solución final del problema. Puede incluir cualquier acción correctiva u operaciones de reunión de información o ideas a someter a test.

Reuniones regulares

Los grupos responsables de proyectos se reunen regularmente (una hora por semana en la planta Simpson) para desarrollar nuevas tarjetas de acción o de hechos (usualmente, mediante «brainstorming»), ordenar las tarjetas, seleccionar acciones específicas o tests, evaluar el estatus de los proyectos en marcha.

CEDAC es un instrumento dinámico en los puntos en los que surgen problemas. Se logra una total visibilidad. El método es explícito, el objetivo está claramente identificado, y los resultados se exponen conforme se producen mejoras.

Paul Everett, que supervisa los esfuerzos de Simpson para crear las bases del progreso auto-dirigido, cree que el CEDAC es un instrumento poderoso, cuyo uso depende de una cuidadosa preparación y seguimiento. Sin embargo, con una formación adecuada, el CEDAC puede llegar a ser un recurso vital para la mejora. Dice Everett, «Otras personas pueden involucrarse en el problema de un grupo, incluso si el problema no es suyo. Además, su participación se muestra en el gráfico. Es también muy excitante el hecho de que los operarios estén compartiendo físicamente el mismo medio escrito que los directores de unidad o técnicos. El uso del mismo instrumento metodológico, desde el comité ejecutivo a los equipos de producción, ayuda a la entera organización a movilizarse para llevar adelante esfuerzos en gran escala para lograr la mejora. Nuestras unidades de producción son ahora puntos en los que se resuelven problemas continuamente».

Cuando visité la planta Simpson, estaba en marcha un extenso proyecto para reducir los ciclos de producción utilizando el CEDAC. En vez de un gráfico, se estaban generando series de gráficos, desde el CEDAC del comité ejecutivo, que definía las principales intenciones estratégicas, hasta los CEDAC de las unidades de producción, en los que se detallaban las acciones. Incluso el departamento de marketing había desarrollado un CEDAC para mejorar el tiempo de respuesta ante los clientes.

CUANDO LA IMITACION ES PREFERIBLE
A LA INVENCION

La mejora continua en los lugares de trabajo depende de una dinámica distintiva. Como la mejora requiere la implantación de muchas ideas prácticas que ofrezcan resultados rápidos que no dependen de descubrimientos revolucionarios, la participación en las ideas desempeña una función esencial. El deseo de tomar acción puede surgir al ver otras sugerencias. Una idea aplicada en un punto a menudo puede transponerse o adaptarse en otro lugar. En otras palabras, imitar puede ser preferible a inventar.

Mientras impartir y compartir ideas sobre mejoras en una planta es extremadamente atractivo, deben admitirse dos hechos. Primero, el sistema de educación nos ha preparado pobremente para operar con los métodos de ahorro de recursos cuya eficacia depende de la profundidad del intercambio de ideas[3]. Segundo, los modos tradicionales de organización con su centralización, elitismo, y compartimentalización están mal ajustados para la circulación de ideas.

Con todo, si deseamos que las fábricas sigan la ruta de la mejora continúa, es absolutamente necesario cambiar nuestras perspectivas. Los avances ocurrirán gradualmente, de acuerdo con los esfuerzos de la dirección, y el progreso se acelerará cuando los resultados conseguibles sean visualmente reconocibles por todos.

Preparar el terreno

Organizar la comunicación de las mejoras implica fertilizar los territorios de los equipos con las ideas de otros territorios. Kiyoshi Suzaki evoca la necesidad de conectar las «islas aisladas» de la actividad de producción[4].

---

[3] Algunos estudiantes comprenden fácilmente las ventajas de compartir información, pero esto entra en conflicto con la primera prescripción de las reglas académicas —no copiar. En los círculos académicos una conducta tal los relegaría al rango de tramposos.

[4] Suzuki, *Competitividad en fabricación* (TGP, S.A., Madrid, 1991).

Este deseo de promover la diseminación de las ideas puede observarse en Mitsubishi Electric, quien despliega varios «Hombres Kaizen» en cada una de sus plantas. De acuerdo con Masaaki Imai, «Estos son trabajadores veteranos de cuello azul a los que se retira temporalmente de sus deberes diarios y se les pide ronden por toda la planta buscando oportunidades de mejora. La designación como Hombre-Kaizen se turna entre trabajadores veteranos en rotaciones aproximadamente semestrales»[5].

Las compañías que han desarrollado con éxito programas de sugerencias a menudo publican periódicos especiales que describen estos logros, identifican grupos, y explican soluciones y métodos. Pueden también incluirse inserciones en el periódico normal de la compañía referentes a cada equipo.

En general, cada contacto exterior respecto al grupo original —grupos de trabajo multidisciplinarios o explicaciones públicas de resultados— estimula la diseminación de ideas.

Jean-Marie Auvinet, que supervisa las comunicaciones en la planta de Sandouville de Renault, cita un ejemplo típico de como puede hacerse la transposición de métodos dentro de las organizaciones. Después de asistir a una reunión sobre la reducción de los tiempos de cambio de útiles en las unidades de producción, Auvinet tuvo una inspiración. Para las reuniones que necesitaban apoyo técnico específico (material audiovisual, gráficos, reorganización de asientos), adoptó el método de estudio de tiempos que se aplicaba en las unidades de producción. Ahorró la mitad del tiempo necesario para preparar la sala de conferencias.

Un foro para ampliar el diálogo

La planta de Sandouville de Renault mantiene reuniones mensuales. En estas conferencias, los grupos de trabajo explican a representantes de la dirección los resultados de los proyectos en marcha, con apoyo audiovisual. Aparte de los beneficios materia-

---

[5] Imai *Kaizen,* ob. cit., pág. 96.

les y culturales —reconocimiento para los equipos, orgullo de trabajar en una planta que mejora— estos eventos permiten que las ideas circulen entre departamentos. Todos ganan algo. La persona que describe un proyecto debe describir formalmente sus experiencias, y sus oyentes pueden descubrir métodos aplicables en otro lugar.

Lo más importante, cada uno aprende de las experiencas actuales. «Cuando dejo la reunión», explicaba uno de los participantes. «Estoy verdaderamente convencido sobre lo que es posible. Solamente tengo un deseo: hacer lo mismo».

INTERCAMBIO DE IDEAS

En la planta de Sandouville de Renault, una *Bourse aux Idées*[6] (Centro de Intercambio de Ideas) ha reemplazado al buzón de sugerencias. ¿Hay un modo más simbólico de evocar la participación en las ideas? Ya había estado funcionando durante varios años un sistema de bonos por sugerencias, pero incluía procedimientos escritos lentos y selectivos (no todo el mundo se siente confortable completando documentos). En este caso, el Centro de Intercambio de Ideas cohabita con el sistema de bonos para las sugerencias en ciertos niveles. Este Centro se está ahora poniendo a prueba en uno de los departamentos de la planta.

Elementos del Centro de Intercambio de Ideas

- El Centro es ideal para ideas que pueden aplicarse facilmente. El período de implantación no debe exceder de una semana. No se requiere completar documentación y los procedimientos administrativos se confinan a un pequeño grupo.
- Se facilita presupuesto a la unidad, que completa las transacciones directamente con empresas locales para implantar las sugerencias.

---

[6] Un lugar donde las personas intercambian ideas.

- Las sugerencias se limitan a un área temática específica. Cada seis meses, la dirección define un tema nuevo: introducción de un nuevo vehículo, una campaña de calidad, reducción de los costes de materiales, etc.
- Medidas específicas hacen visible el intercambio de ideas. Se adhieren etiquetas verdes a un gráfico colocado cerca del gráfico de indicadores (Figura 7-3). El número de etiquetas de un grupo es exactamente el número de sus sugerencias. Un libro para la unidad registra las sugerencias, y una curva dibujada sobre el gráfico de indicadores señala los cambios en el número de sugerencias.
- Cada idea aplicable (el personal supervisor apropiado decide lo que es aplicable) se recompensa con puntos. Cada miembro del equipo recibe un cuaderno de notas para registrar sus puntos. Después de ganar un cierto número de puntos, los miembros del equipo pueden cambiarlos por artículos. Inicialmente, había una lista, pero el proyecto emplea ahora un sistema de facturas de compra. El número de puntos para cada idea es diez, cualquiera sea el valor de la idea. Este principio reduce la complicación de los cálculos.

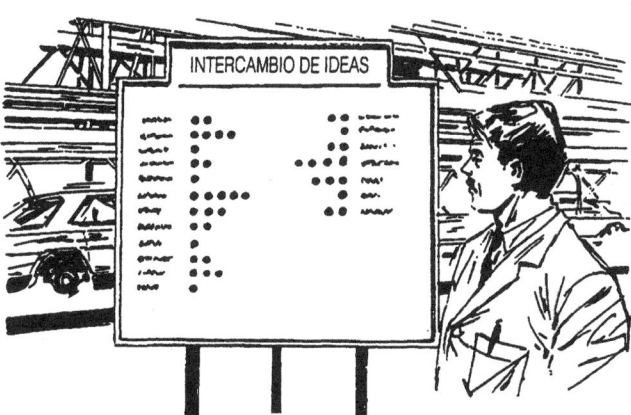

Figura 7-3. Gráfico para registrar ideas de mejora implantadas por el equipo. Se adhieren etiquetas al lado de los nombres de los miembros del equipo para contabilizar sus ideas.

Si una idea es potencialmente de gran alcance, se crea una ficha para la misma en el sistema de sugerencias basado en bonos.

Cómo trabaja el intercambio

El número de puntos no depende del valor financiero potencial para la compañía de las sugerencias. Este innovativo sistema valora esencialmente la colaboración.

Por ejemplo, si cuatro personas cooperan para encontrar una solución a un problema, cada una de ellas gana diez puntos. Si un empleado desarrolla una idea sobre un proceso que es el centro del trabajo de otra persona, el primer empleado debe implicar a la otra persona y convencerla de que la idea es válida. Si la primera persona tiene éxito en vender la idea, cada una de ellas gana diez puntos.

El mismo principio se adopta para la cooperación entre los equipos de los turnos de día y vespertino. Si un miembro del equipo llega a convencer a un colega de la validez de su idea, cada uno de ellos gana diez puntos.

Los principios básicos del Centro de Intercambio de Ideas incorporan la diseminación y el intercambio de ideas. «Se estimula a un operario que desee vender una idea a otras unidades», dice el Sr. Lebron, un ayudante técnico que gestiona el proyecto. «Si una idea dada puede aplicarse en 18 áreas, el operario gana 180 puntos y al mismo tiempo permite a los que han hecho el esfuerzo de participar en la propuesta ganar también 180 puntos».

Desarrollo del proyecto

El proyecto se desarrolló por un grupo de unidades que constituían un grupo piloto. «Las personas se interesaron e involucraron rápidamente», nos comentaba el Sr. Lebrun. «El concepto básico parecía simple, y se sentían especialmente gratificados por que las ideas pudiesen aplicarse rápidamente. Al principio, un escéptico decía: «Apuesto que vuestras recompensas se hacen en Japón».

Después de observar la participación de sus colegas durante una temporada, se sentía fuera de juego. Ahora, es uno de los que tiene mayor puntuación total».

Después de lanzar el proyecto, fue necesario publicitarlo. El grupo de trabajo produjo una película de video en la que cada participante explicaba la función del Centro de Intercambio. La cinta fue vista en monitores de otras unidades, de forma que todos pudieron comprender el proyecto.

EXPONER PROGRAMAS DE LOS PROYECTOS ACTUALES

Una compañía que adopta una meta de mejora continua debe investigar en profundidad soluciones para un vasto número de pequeños problemas que quizá anteriormente se han contemplado superficialmente. En la larga marcha hacia el cero defectos o el cero averías, emergen series de obstáculos que deben superarse. Es necesario gestionar simultáneamente un gran número de proyectos en múltiples localizaciones.

Por dos razones, los programas o planes de estos proyectos deben estar visibles en las áreas de trabajo. Primero, colocar programas directamente en las áreas de trabajo transmite la idea de que ahora las áreas de trabajo están involucradas en los proyectos de mejora. Estos proyectos no son ya del dominio exclusivo de la oficina de estudios o del departamento de operaciones. Ahora estos proyectos se relacionan con cada uno, desde los que operan los medios de producción a los que facilitan asistencia técnica.

Ya hemos señalado el poder simbólico de exponer información. La exposición de compromisos colectivos en un área de trabajo ayuda a movilizar al grupo para actuar[7].

---

[7] Anunciar que los problemas de una unidad de producción son de la incumbencia de cada uno no significa conferir obligaciones imprecisamente. Se asigna un coordinador para supervisar el proceso. El nombre de esta persona se indica en el gráfico (Figura 7-4). La idea de compartir la responsabilidad significa que cada persona que influencia de alguna forma los resultados debe considerarse a sí misma involucrada hasta que se desarrolle una solución.

También resultan beneficios prácticos. El hecho de colocar un gráfico de monitorización de un proyecto en un punto por el que pasan numerosas personas afecta significativamente a la aceleración de los resultados. Esta aceleración se produce porque ocultar los problemas es difícil cuando cualquiera que entre en el área puede ver las etiquetas rojas acumulándose en el gráfico (Figura 7-4).

Cuando todos pueden ver las cosas, es imposible cerrar los ojos. Por esto, se desarrolla una poderosa dinámica de grupo que empuja a la acción a toda la organización.

DESTACAR LOS LOGROS

Considere la Figura 7-5, que muestra una máquina herramienta en la planta de Citroën en Caen. En la parte frontal, un panel expone el logo «PQG», que indica «Garantizada la calidad del producto». Este emblema se coloca en cada máquina incluida en un estudio coordinado por el equipo de producción. Su meta es mejorar la calidad de los procesos mediante la instalación de mecanismos a prueba de errores (poka-yoke).

La intención asociada con la instalación de esta marca es hacer más visibles los esfuerzos de calidad. Esta visibilidad es necesaria porque, a menudo, por sí solos los cientos de pequeños avances no tienen nada de dramáticos. Puede verse fácilmente un sistema de galvanizado robotizado o altamente sofisticado, mientras la instalación de un ingenioso mecanismo para eliminar la omisión de componentes puede pasar inadvertida.

Mientras un gráfico que muestra los cambios en un indicador de calidad es también un modo apropiado de expresar el progreso, es insuficiente por sí sola este tipo de información. Primero, en un gráfico global los beneficios de un mecanismo de prevención de errores pueden ser contrarrestados por el impacto negativo de otros problemas. Segundo, la mejora que se estabiliza pronto deja de ser observable cuando se expresa en una curva de un gráfico. Si se confirma una reducción en el nivel de artículos defectuosos nadie vuelve a pensar en ello.

Problema	Semana número																	Líder proyecto/ extensión
Especificaciones tensor	●	●	●	○														MF/201
Equilibrio de línea	●	●	●	●	○													NG/504
Tasa de flujo pintura				●	○													JG/171
Prepar. estac. trabajo		●	●	●	●	●	●	●	●	●	●	●	○					TW/614

● = Solución buscada   ● = Solución en desarrollo   ○ = Problema resuelto

Figura 7-4. Planta de Sandouville de Renault. Programa de actividades actuales mostrado en un área de trabajo. Hay muchos modelos de gráficos de esta clase. El propósito del gráfico es facilitar la comunicación. Debe ser simple y comprensible de una ojeada. La información adicional debe facilitarse en otro documento.

Figura 7-5. Planta de Citroën en Caen. Una placa sobre la máquina indica la instalación de un mecanismo a prueba de errores (poka-yoke).

Por otra parte, cuando los logros se anuncian, cada persona que pase puede decir: «Esta unidad no está mano sobre mano». Las marcas conmemorativas, confirman visiblemente los esfuerzos del grupo.

A menudo surge una cuestión concerniente a este tipo de identificación: ¿Debe aparecer en las placas los nombres de los creadores de la idea? En mi experiencia, esta medida no es deseable, por dos razones.

Primero, el reconocimiento de la fuente de las ideas es siempre una cuestión delicada con relación a los esfuerzos colectivos. Por otra parte, una exposición innominada permite que todos los miembros del grupo se enorgullezcan de una idea.

Segundo, la comunicación visual permite una excepcional diversidad en la transmisión de los mensajes. Esta diversidad puede utilizarse con ventaja. Los mensajes pertenecientes a objetos deben ser mensajes que aparezcan solamente en el objeto particular, de forma que el reconocimiento de los hechos se separe del reconocimiento a las personas. De este modo, se refuerza la identidad del territorio, y, las personas de nueva incorporación pueden absorberse con mayor rapidez[8]. Examinaremos el reconocimiento personal en un punto posterior.

Requerimientos prácticos

La exposición visual de las mejoras puede extenderse a muchas áreas: una máquina que va a someterse a mantenimiento preventivo sistemático, una estación de trabajo con auto-monitorización, un sistema elevador equipado con un mecanismo de seguridad, o una prensa de conformación con niveles de desperdicio reducidos. En algunos casos, es suficiente con adherir una

---

[8] Sin embargo, puede registrarse el nombre del equipo. La identificación de un equipo no es equivalente a la identificación de sus miembros. Registrar el nombre del equipo en una señal de mejora no es una barrera para la absorción de nuevos miembros.

etiqueta que simbolice un proyecto en curso (plan de calidad total, «just-in-time», etc.). En otros casos, pueden instalarse anuncios detallados que describen las mejoras y sus beneficios financieros (Figura 7-6 y 7-7).

No son necesarios métodos complicados para llamar la atención. Como en el capítulo 3, el hecho de poner fechas en los estándares operativos mostrados de forma altamente visible permite medir la mejora. Se emplean también en muchos casos fotografías del antes y después (Figura 7-8).

La cuestión de la cantidad

Es improbable que el jefe ejecutivo de una compañía dé las gracias al jefe del departamento de investigación por remitirle un gran número de proyectos de inversión. El presidente tendrá un interés considerablemente mayor en criterios financieros tales como tasas de beneficios o período de recuperación.

El principio de definir un indicador de la mejora continua que dependa de la cantidad en vez de la rentabilidad constituye una

Figura 7-6. La planta de Citroën en Caen. Un panel describe una mejora introducida en un área de trabajo, indicando la cantidad ahorrada. El panel cuelga por encima del punto de ejecución de la operación.

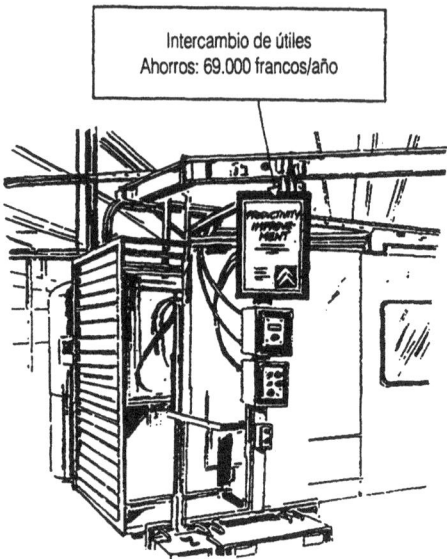

Figura 7-7. Planta de Citroën en Caen. Aumentos en la productividad de una máquina como resultado de una reducción significativa en el tiempo de cambio de útiles

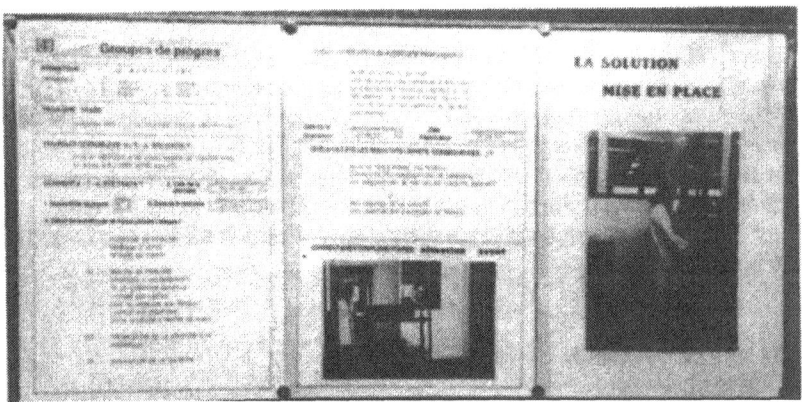

Figura 7-8. Cartel en area de trabajo de la planta de Telemecanique en Carros. Los paneles escritos describen el proyecto del equipo (un método mejorado para el transporte de circuitos integrados que ahorra tiempo y manipulaciones y mejora la calidad). La foto del medio muestra el método antes de la mejora (carros) y la derecha muestra la solución implantada (un transportador).

ruptura abrupta con el enfoque económico tradicional. De este modo, una compañía empieza a preferir un centenar de sugerencias que rindan 25 dólares cada una, a una sugerencia que pueda rendir 2.500 dólares. La naturaleza de la mejora continua explica esta actitud:

* El mayor número posible de personas deben adoptar el concepto de mejora. Una vez adoptado, el proceso llegará a ser una característica de la cultura de la compañía.
* La mejora continua se sostiene por su propio momentum. Cuando los miembros de los equipos de producción observan que es posible obtener rápidamente resultados concre-

Figura 7-9. Planta de Renault en Sandouville. Se han pintado grandes bandas negras y amarillas sobre el suelo dejado libre por la reducción de los stocks de parachoques cerca de la línea de montaje. Por tanto, hasta que el área se reasigne a una función, se ha obtenido una doble ventaja: ya no hay riesgo de que el área ese inunde de piezas, y todos pueden observar una representación simbólica del progreso logrado en el proyecto «just-in-time» de la planta. Además, este espacio abierto no genera ya un coste que se cargue a la unidad de producción.

tos, sus percepciones del entorno cambian inmediatamente. Los miembros de los equipos empiezan a observar con más atención. Reconocen que pueden producir mejor y adquieren más auto-confianza al mismo tiempo que se interesan en otras actividades de su entorno. Desde este momento, generan ideas sobre mejoras.

La planta entra en una fase que el Sr. Leichle, director de la planta de Bendix en Toulouse, se refiere como «movimiento espontáneo hacia la mejora». La cantidad de ideas, de diferente mérito intrínseco, hace posible alcanzar la masa crítica para la expansión natural del progreso.

REGISTRO DE LAS MEJORAS

La planta de Fort Collins, Colorado, de Hewlett-Packard, crea

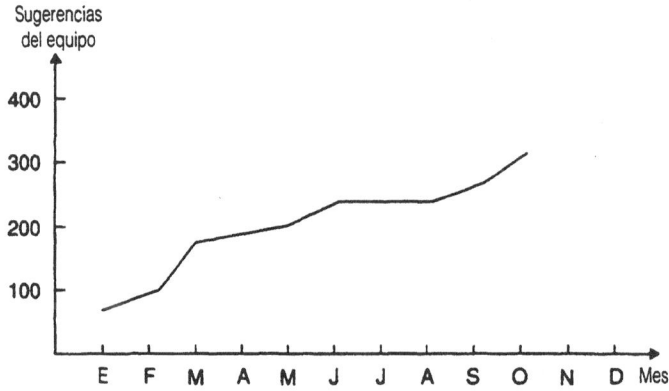

Figura 7-10 Planta de Hewlett-Packard en Fort Collins, Colorado. Se dibuja una curva que representa las sugerencias aplicadas de los miembros del equipo. Este gráfico se expone en la parte exterior de la oficina del supervisor de la unidad de producción. El número de sugerencias aportadas por los empleados es uno de los criterios que utiliza la dirección para evaluar a los supervisores.

un archivo de Tarjetas de Historia de Resolución de Problemas cuando un grupo asume la responsabilidad de un problema (Figura 7-11). Tan pronto como dan comienzo los esfuerzos para resolver un problema, se abre un archivo en la misma localización del problema. De acuerdo con Dan Blount, un director de ingeniería de fabricación, esta práctica ofrece tres ventajas:

- Primero, la naturaleza estándar del procedimiento de formación de los archivos facilita a los grupos la búsqueda del desarrollo metodológico apropiado en la fases requeridas. Cada fase está claramente identificada. Los nuevos empleados pueden aprender fácilmente el método, paso a paso.
- Segundo, cuando se resuelve un problema, el archivo se coloca cerca de la línea de producción. Por tanto, los archivos están disponibles para consulta, de forma que puedan resolverse otros problemas similares que descubran otros equipos de producción. El departamento de ingeniería también encuentra beneficioso que estén disponibles en los lugares de trabajo los archivos pertenecientes a problemas resueltos en años recientes.
- Por último, es simbólicamente importante la presencia de archivos en el punto en el que se ejecutan los procesos. Estos registros de mejoras demuestran a los recién llegados que cada unidad de producción tiene una historia, incluso una historia turbulenta.

Al incorporarse al grupo —quizá al principio o pasados muy pocos meses —cada nuevo miembro descubre que tiene la oportunidad de dejar un rastro de su presencia en un registro de mejoras[9].

---

[9] De nuevo, la organización visual del lugar de trabajo refuerza la identificación territorial. El desarrollo de una historia «territorial» oficial, que no puede reducirse a la historia centralizada de la compañía, es un fenómeno reciente en la vida de las fábricas.

Historial TQC de paquetes de software   HEWLETT PACKARD

DUST (Documentación equipo de preparación e instalación)

⊕ Tema: Reducir tiempo y errores de instalación
productos de software

Razón de selección de temas:
Para mejorar la satisfacción del cliente
reduciendo la frustración

Responsabilidad:
Ingeniería de fábrica

Asociados:
Marketing-Documentación
Producción
Ingeniería de materiales
Compras
Laboratorio factores humanos
EDP
Socios HP

Tiempo instalación – Errores
100% Errores de instalación

–68%

Reducir→

Meta

← –45% →

Tiempo de instalación   100%

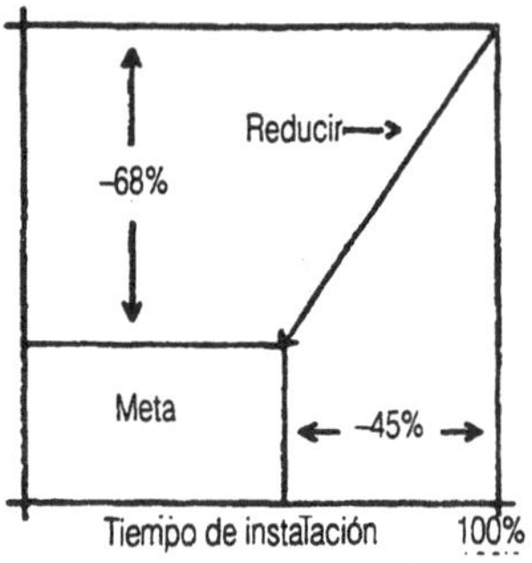

:Meta: Reducir el tiempo de instalación en un
45%, mientras:
• se reducen errores en un 68%
• se logra al final de Q2 FY'87

⊕ Situación actual:
• Los productos de software han llegado a ser muy
complejos.
• Los clientes tienen dificultades para instalar el soft-
ware-demasiados tiempo y errores.
• Incremento de énfasis en sistemas «llave en mano».
• El ensamble manual es muy difícil.
• Es difícil para el cliente verificar el producto recibido
en relación al pedido.
• No hay método/medidas para monitorizar con precisión los fallos del paquete. El nivel del servicio al
cliente no es aceptable para una fácil instalación de
los productos de software.

Errores   Test #1 Errores-tiempo instalación por factores humanos

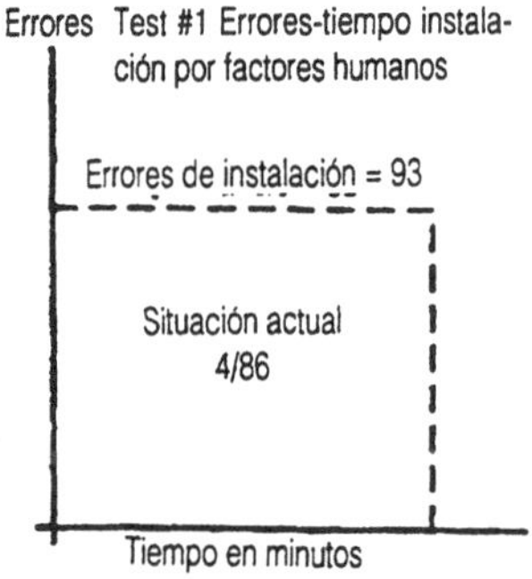

Errores de instalación = 93

Situación actual
4/86

Tiempo en minutos

Figura 7-11. Hewlett Packard, planta de Fort Collins, Colorado. Tarjeta de
historia de resolución de problemas.

Historial TQC de paquetes de software HEWLETT PACKARD

Análisis:

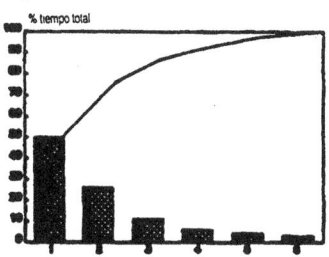

Nivel 1 = Pareto de tiempo instalación

1 – Tiempo de construcción manual
2 – Verificación contenidos del paquete
3– Ensamble manual actualización
4 – Miscelánea
5 – Lectura de panfletos
6 – Apertura de cajas

Nivel 1 = Pareto de errores instalación

1 – Errores construcción manual
2 – Verificación errores del contenido
3– Errores interpretación panfletos
4 –Errores actualización
5 – Errores cajas

Contramedidas:

Area de mejora clave	Oportunidad (+) / Limitador (–)	Proyecto
1. Ensamble del manual	(+) El cliente recibe manual pre-ensamblado. No empleo de tiempo en ensamble de manual	Pre-ensamble del manual T.L.W., K.D.
2. Verificar contenidos del paquete	(+) El cliente recibe lista de contenidos que se entiende claramente con números LD. que encajan las piezas regularmente en el paquete entregado	Verificación de contenidos K.M., V.D.
3. Factores humanos	(+) Evaluar potencial para ensamble manual/mejoras de verificación de contenidos (segundo test)	Segundo test de factores humanos P.R., L.R.
4. Coste	(–) Costes ensamble manual	Análisis de costes K.O., P.H.

(Figura 7-11. Continuación)

Historial TQC de paquetes de software   HEWLETT PACKARD

 Verificar efectividad:

Análisis (A)
Segundo test de factores humanos de mejoras
prototipo para pre-ensamblado manual y listas de
verificación de contenidos.

Resultados:
- Reducción errores = –83%
- Reducción de tiempo = –50%

Análisis (B)
Evaluación de prototipo de manual pre-ensamblado

Resultados:
- Rectificación de «layout» de área de producción
  de software para mejorar manejo y flujo JIT de
  materiales.

Análisis (C)
Coste de producción de ensamble manual:

Resultados:
- 16% de incremento en costes de ensamble manual

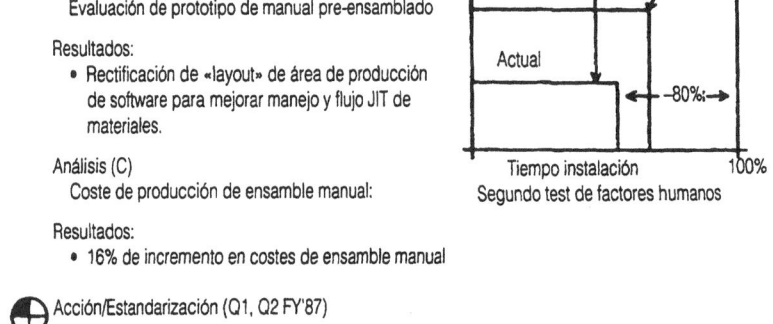

 Acción/Estandarización (Q1, Q2 FY'87)

(A) Ejecutar el proceso del manual pre-ensamblado en Q1 FY'87
(B) Reajustar el «layout» del área de producción para optimizar el manejo y flujo JIT de materiales
    e incluir el pre-ensamble del manual en Q1 FY'87
(C) Realizar las listas de verificación «on-line» de contenidos para el cliente en Q2 FY'87
(D) Establecer proceso de tasa de fallos de campo en Q1 FY'87, recoger resultados en Q1 y Q2
    y fijar meta para reducir al final de Q2 para FY'87

 Acción futura/Problemas residuales (Q3, Q4 FY'87)

(A) Desarrollar mediciones de calidad en proceso e identificar mejoras TQC del proceso
(B) Desarrollar cobertura proyecto TQC para facilitar la mejora continua

(Figura 7-11. Continuación)

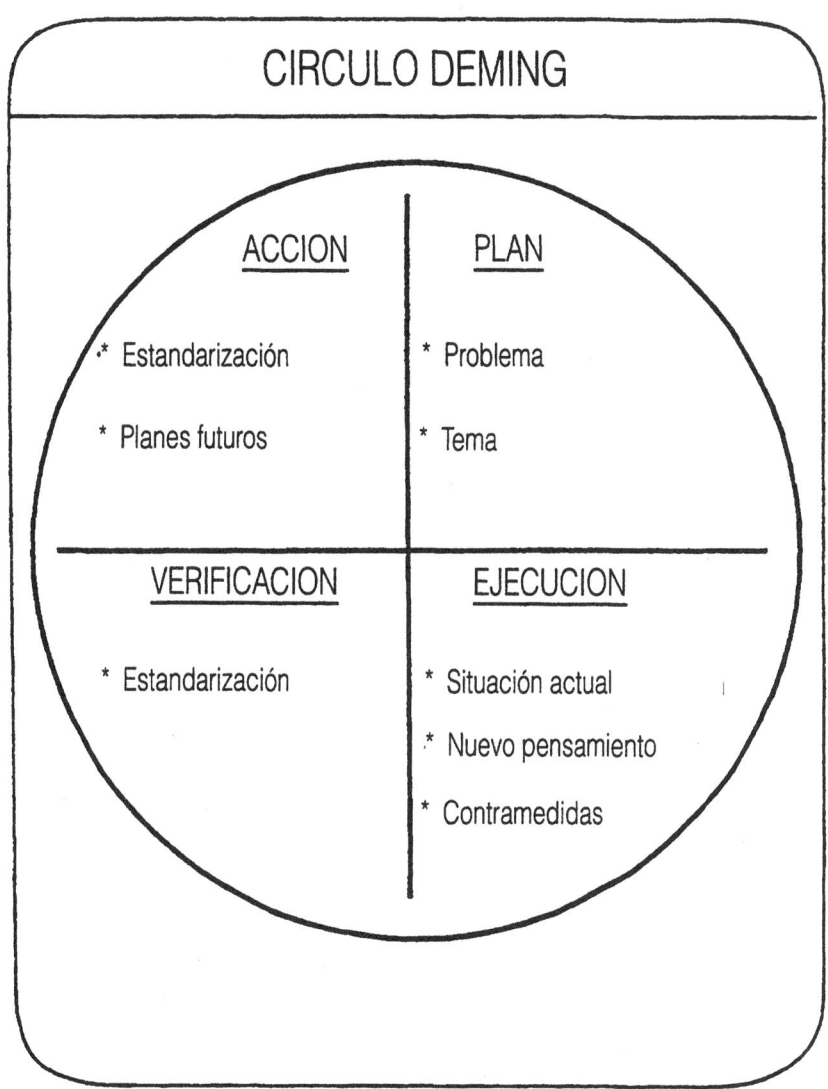

(Figura 7-11. Continuación)

SATISFACCION VISIBLE

Cuando estaban de moda los buzones de sugerencias, parecía importante para los que contribuían con ideas recibir bonos calculados en función de las ganancias previstas. Sin embargo, limitar el reconocimiento a un incentivo financiero era un error, caracterizado por tres problemas.

Primero, un incentivo financiero puede promover un interés artificial en el proceso. Un proyecto que puede ofrecer ganar algún dinero rápidamente, fácilmente obtiene una participación entusiasta. Sin embargo, esta clase de facilidad disuade a una organización de realizar los esfuerzos preparatorios necesarios para incorporar en sus actividades una metodología orientada a la mejora.

Segundo, como los bonos especiales pueden añadirse a los salarios como compensación por las ideas, el personal sentirá que no se les pagará normalmente por pensar. ¿Cómo es entonces posible afirmar la mejora como una parte integral de las funciones ordinarias?

Finalmente, un tercer problema: ¿cómo puede un bono proporcional estimular a las personas con ideas modestas ,o a observadores cualificados que no son creadores, o a los que ofrecen solamente una parte de la solución? Esta clase de bonos no puede estimular el trabajo en equipo. Pero sobre todo, un bono puede estimular a las personas a guardarse para sí observaciones valiosas, mientras la mejora se obtiene generalmente a través del intercambio fertilizador, la comparación, y la participación de las ideas.

Estas circunstancias no significan que no sean válidas las recompensas. Sin embargo, las recompensas deben transformarse o modificarse considerando factores diferentes a los financieros, que deben integrarse con las experiencias ordinarias.

En Fleury Michon, el productor de los videos internos entrevista a los miembros de los círculos de calidad cuando acaban un proyecto. En la película de video, los miembros de los círculos de calidad describen los problemas que han superado, los métodos aplicados, los resultados obtenidos, mientras se les entrevista al lado de su máquina o estación de trabajo. En los Estados Unidos, a menudo he visto grandes paneles en las entradas de las áreas de trabajo, con fotografías de los equipos que han logrado avances significativos (Figura 7-12).

Se aprecian todas las formas de reconocimiento que pueden reforzar la solidaridad dentro de un grupo o que marcan su identidad. En la planta de J. Reydel en Gondecourt, un equipo que ha logrado sus objetivos lo celebra con una enorme tarta decorada con una réplica en azúcar del producto fabricado en el área de trabajo del equipo. En la planta de Valeo cercana a Le Mans, cuando se ha completado un gran proyecto, el director de producción organiza una visita a la planta de un cliente para un grupo de operarios.

En cada caso, la forma del reconocimiento que tiene un mayor significado para el creador de la sugerencia es que se le permita participar en su implantación. Incluso aunque su implicación pue-

Figura 7-12. Planta de Gorman Rupp en Mansfield, Ohio. En esta fabricante de bombas, se colocan felicitaciones a la entrada del área de trabajo para un proyecto en el que ha contribuido todo el equipo. A la derecha hay fotografías de los empleados que hicieron el trabajo.

da limitarse a explicar o monitorizar ciertas fases, el creador debe mantener contacto con el departamento que aplica la sugerencia. El creador debe ser informado sobre la mejora y debe poder visitar a las personas que implantan la sugerencia para ofrecer opiniones sobre los puntos vitales. Observar el proceso de implantación de nuestras propias ideas puede ser uno de los incentivos más fuertes para desarrollar nuevas ideas[10].

Cartas «desde el corazón»

France Abonnements procesa miles de ficheros de suscripciones de revistas cada día, incluyendo preguntas sobre revistas que no llegan o cambios de dirección. «En cierto punto», indicaba Michele Pilhan, «estas peticiones nos llevaban a un estado de ánimo adverso. Los empleados llegaban a considerar a los clientes como descontentos perpetuos».

Este director transformó ingeniosamente los elementos del problema promoviendo una relación personalizada entre el departamento de proceso y los clientes. La meta era que la correspondencia, en vez de tramitarse con espíritu adversario, creáse una oportunidad para que los empleados estableciesen una relación favorable con los clientes. Por tanto la correspondencia con un cliente determinado debería manejarse siempre por el mismo empleado. Algunas cartas recibirían contestaciones escritas a mano, preparadas y firmadas por el empleado responsable de gestionar el fichero particular.

«Al principio, esperaba que pronto me darían una máquina de escribir», nos decía un empleado responsable de correspondencia.

---

[10] La satisfacción de hacer un buen trabajo es lo que Jim Heckel, director de producción en la planta de Hewlett-Packard, en Greeley, Colorado, tenía en mente cuando mencionaba un nuevo indicador de mejora. Este indicador, explicaba, a menudo se ha ignorado, y nunca se ha descrito en los libros sobre teoría de las inversiones. Este indicador es el ROSE, o Retribución en Auto-Estima. Los expertos le otorgan ahora una posición prominente al lado del ROI (Beneficio sobre Inversiones).

«Entonces, después de un cierto período, los clientes empezaron a escribirme y darme las gracias personalmente. Muchas veces, éstas eran cartas que reflejaban sentimientos, escritas por personas corrientes que agradecían mis respuestas.»

Cada día, un panel en la entrada del centro de procesamiento de Chantilly expone una carta diferente de un cliente satisfecho (Figura 7-13). Cuando los empleados llegan por la mañana, lo primero que hacen es ir al panel y leer la carta. En France Abonnements, esta correspondencia se conoce como «cartas desde el corazón»[11].

UN PROYECTO CONJUNTO

La declaración de intenciones de ofrecer un mejor servicio a los clientes, solicitar a los empleados que eviten el desperdicio, proclamar la cruzada de la calidad total: todas estas son ideas de moda. La rápida diseminación de estas ideas es una tendencia evidente.

Figura 7-13. Entrada en el centro de proceso de Chantilly, de France Abonnements.

[11] Traducción de «Le courrier del corazón», nombre dado a la correspondencia personal en los periódicos franceses.

Los anuncios sobre temas generales son de preparación fácil. Es más difícil asegurar que el material escrito no esté en contradicción cada día con experiencias actuales. Preparar un texto sobre el respeto al individuo no es suficiente para erradicar el autoritarismo del liderazgo. Exponer un poster que proclame que la calidad es un objetivo prioritario no es suficiente para reorientar una organización obsesionada con producir en grandes cantidades.

En la comunicación visual, cualquier cosa que ve el observador está dotada de significado. La eficacia de la comunicación visual es atribuible al hecho de que contribuye al desarrollo de una imagen coherente del mundo. Si hay alguna contradicción entre los contenidos de un gráfico y las realidades que contempla un observador cada día, la comunicación visual pierde su poder. Los gráficos pueden estar presentes en las áreas de trabajo, pero psicológicamente están invisibles.

Este requerimiento fundamental de la creación de un discurso visual coherente a través de toda la planta me impulsa a diferir el examen de temas más generales hasta el final del libro. Todas las compañías deben respetar el mismo principio. Antes de instalar gráficos de mejoras, exponer instrucciones. Antes de anunciar en posters un proyecto, colocar programas de mantenimiento cerca de las máquinas —y respetarlos. Antes de declarar que toda la organización se adherirá a valores elevados, asegure que estén limpias todas las áreas de trabajo.

La comunicación visual es un nuevo lenguaje, y aprenderlo requiere esfuerzo. Es imposible escribir en prosa sin antes aprender gramática.

Una pirámide en Colorado

Es extremadamente pequeño el número de compañías que intentan mantener informados a todos sus empleados sobre sus principales proyectos. Esto es especialmente verdad si la compañía considera que un proyecto principal es uno que afecta al contexto técnico y organizacional de los empleados: nuevos productos, desarrollo tecnológico, e inversiones en gran escala.

Cuando aconsejo a compañías que faciliten a sus empleados mejor información, se me contesta: «No están interesados en eso. Redactamos un memorándum, pero nadie lo lee.» Por supuesto — ¿quién desea leer memorándums? Ensaye un modo más dinámico y estimulante de comunicación. El ejemplo de Digital Equipment Corporation demuestra que con un esfuerzo apropiado es posible apartarse de las pautas usuales.

En 1986, DEC decidió modificar el sistema de ordenadores que gestionaba la producción en su planta de Colorado Springs. Las ramificaciones de tal proyecto podían afectar a toda la fuerza laboral de la planta. Por tanto, el éxito del proyecto dependía de una amplia aceptación.

Un día, aproximadamente dos meses después de comenzar el proyecto, todos los que fueron a comer a la cafetería se sorprendieron por una pirámide (Figura 7-14). En medio de la cafetería se había montado sobre soportes una magnífica, bien proporcionada estructura de madera contrachapada pintada. En cada lado de la pirámide estaban presentes los mismos pequeños rectángulos, representados cada uno con un paquete de software. Se habían impreso los nombres de cada paquete, con la fecha prevista de disposición. A partir de ese momento, cuando estaba listo un paquete, el área correspondiente se coloreaba con un pincel de punta de fieltro. Al completar el proyecto los rectángulos coloreados alcanzarían a una pequeña bandera americana montada en la cumbre.

Durante el año que duró el proyecto, este modo de representar el programa fue altamente eficaz. Como el programa estaba visible en un área pública, el proyecto de computerización se entendía como un compromiso de todos. Cada empleado estaba en contacto con el proyecto y esperaba que podría completarse en plazo. Como muchos empleados quedaban fascinados con la ampliación de las áreas en rojo, a menudo se acercaban al equipo que realizaba la implantación solicitando información sobre un paquete dado o sobre las dificultades que retrasaban la aplicación.

Figura 7-14. Pirámide de seis piés en Digital Equipment Corporation, Colorado Springs. Los rectángulos negros representan paquetes de Software instalados. En la realidad, los colores son transparentes de forma que los nombres de los paquetes ya en uso pueden leerse.

Como el grupo de proyecto sentía que estaba siendo observado por todos, estaba ansioso de demostrar que podría completar las tareas dentro del período especificado. De esta forma, la pirámide transformó completamente el programa en un compromiso generalizado que nadie fue capaz de decirme quien había sido el primero en proponerla.

Declaración de misión

Una declaración de misión es de lejos algo más que un proyecto, expresando principios que la compañía ha seleccionado para orientar su futuro. Una declaración de misión contribuye a identificar un sistema de valores y a reforzar la identidad colectiva.

Hay muchos modos visuales de presentar mensajes, y examinaré algunos de ellos más adelante. Siempre es necesaria una fase preparatoria. Una declaración de misión debe examinarse primero en reuniones o durante la formación. El empeño requiere múltiples explicaciones, porque se precisa tiempo para que se desarrolle un consenso. Una declaración de misión es útil solamente si cada miembro de la organización cree que expresa sus creencias.

En la planta de Renault, antes de que se anunciase una declaración de misión para la división de montaje, un dispositivo móvil de exposición se estuvo trasladando de un área de trabajo a otra. La promoción de la declaración de misión se ayudó con una película en video de diez minutos preparada por un grupo de trabajo que explicaba las bases de la declaración y la significación de los mensajes escritos.

Un modo de facilitar el proceso de asimilación es permitir la visualizacion de una declaración de misión en dos niveles. El primer nivel incluye un documento general, emitido por la dirección de la compañía que se examina y discute a través de toda la firma. El segundo nivel afecta a las unidades o equipos de producción. De este modo, el formato de la declaración de misión puede adaptarse individualmente (Figura 7-15).

El proceso de adoptar un texto general a un contorno específico es un modo excelente de entender su significado. En una situación en la que debe cambiarse la forma, un grupo descubre la sustancia de la declaración de misión. Los recursos de una compañía y su diversidad se revelan más plenamente por el grupo de documentos derivados que por una mera replicación del original.

Las declaraciones de misión pueden tener varios soportes físicos —una tarjeta, un documento para los nuevos empleados, o posters en las áreas de trabajo. El uso de un medio no excluye a los demás.

Incluir una declaración de misión en un documento para uso individual es también un medio apropiado de promover su aceptación. En algunos casos, la declaración de misión puede imprimirse en pequeños cuadernos o libretas de direcciones. Algunas compañías entregan libretas a los empleados al principio del año. Las políticas generales de la compañía aparecen en la primera página. La segunda página se completa por el director de planta, que especifica los objetivos particulares de la planta. La tercera se reserva para que el supervisor de la unidad defina sus propias políticas en relación a las páginas precedentes. La cuarta indica las medidas prácticas necesarias para avanzar en la dirección apropiada. Por tanto, las ideas generales se transforman en intenciones concretas. Las políticas de la compañía cesan de ser una abstracción; resultan una realidad para cada uno.

Figura 7-15. Planta de Omark en Oroville, California, que fabrica equipos de caza. Una declaración de misión de compañía pintada sobre la pared por un equipo.

Figura 7-16. Planta de Sandouville de Renault, es popular el formato de una carta de juego. Inicialmente, se creó una carta singular para toda la planta. Más adelante, cada departmento desarrolló su propia carta. La declaración de misión de toda la planta aparece en uno de los lados de la carta y los principios del departamento en el otro. El lado que corresponde al departamento se deja sin traducir para mostrar un acróstico del nombre del departamento («Confección») utilizado para identificar sus principios.

Los diez mandamientos de Mercurio

- Reducir drásticamente los plazos de producción.

- Perseguir el desperdicio.

- Estimular el orden, la limpieza y la precisión.

- Invertir continuamente en productividad.

- Transformar la distribución en planta («layout») para acelerar el flujo.

- Permitir a los operarios que garanticen la calidad.

- Ampliar la utilización de mecanismos a prueba de errores para ayudar a las personas.

- Valorar la factibilidad de los logros técnicos.

- Desarrollar métodos simples y dignos de confianza.

- Subdividir la producción en células autónomas y orientarla con un enfoque global.

Figura 7-17. Planta de Citroën en Caen. Tarjeta con declaración de misión para el proyecto «Mercure» de calidad a largo plazo.

8
Implantación
de la comunicación visual

Cuando invité al lector a este viaje a través de las fábricas visuales, mi intención era ofrecer recomendaciones prácticas, ejemplos, y una guía para contemplar modos de comunicación especialmente sugestivos.

Sin embargo, cuando se disponga a tomar acción puede estar perplejo por lo que ha leido aquí. Por un lado, la preparación física de los medios visuales no parece plantear problemas. Por otro lado, esta facilidad aparente puede ocultar dificultades para la introducción con éxito de la comunicación visual. El conocimiento de estas dificultades debe persuadirnos para ser prudentes y evitar lanzar proyectos sin realizar una cuidadosa fase de planificación.

Pero, ¿cómo debe realizarse esta forma de deliberación? ¿Debe seguirse una pauta para aplicar las ideas descritas en este libro? ¿Por dónde empezar? ¿Hasta dónde podemos llegar?

Observando las plantas que han tenido éxito en el uso de la comunicación visual, percibimos que debemos rechazar la idea de una única aproximación. Más bien, hay una asombrosa diversidad de aplicaciones.

Esta diversidad es resultado de la estrecha relación entre la organización visual y una cultura de compañía dada. Como las personas, no hay dos fábricas que tengan el mismo rostro.

Con relación a los modos de crear un proyecto de organización visual, recuerde que las compañías que he visitado demuestran una flexibilidad significativa. Sin embargo, al mismo tiempo, este pragmatismo respeta ciertas condiciones generales en la creación de un contexto humano y de organización apropiado para el éxito. Mientras no creo exista un conjunto detallado de instrucciones, he aquí cinco directrices recomendables para una aplicación fructífera:

- Establecer metas para el proyecto.
- Determinar si hay necesidad de cambios culturales.
- Establecer un plan global.
- Asegurar la implantación.

ESTABLECER METAS PARA UN PROYECTO

Si encuestamos a ejecutivos sobre los factores que les inducen a desarrollar la comunicación incluyendo la exposición de datos y mensajes, las respuestas serán más o menos como éstas: «Esto permitirá que cada uno esté informado al mismo tiempo.» «Esto es como la publicidad; tiene un fuerte impacto.» «Tenernos informados de los propios resultados ofrece siempre motivación.»

Mientras no se puede decir que sean incorrectas, estas respuestas son insuficientes. En este libro puede haber visto que detrás de la apariencia de los diversos medios, la comunicación visual descansa en un modo de organización específico, la *organización visual.*

He puesto énfasis en que este modo de organización permite el reforzamiento de una planta dada a lo largo de varios ejes estratégicos:

- *Mejorando la flexibilidad de los recursos de producción*: ampliando la autonomía de los empleados en sus relaciones con las máquinas y su entorno; desarrollando la movilidad y versatilidad dentro de los equipos.
- *Contribuir a la introducción de políticas descentralizadas*: desarrollar sistemas visuales simples para la adopción de decisiones (control visual de la producción, monitorización de máquinas y procesos).

- *Mayor eficiencia en la producción*: eliminación de algunas de las funciones de intermediación del personal de supervisión, reorientar a este personal hacia las funciones de organización, liderazgo de equipos, y asistencia técnica.
- *Solución más rápida de los problemas de los puntos de trabajo*: movilizar a los equipos de producción para observar y analizar anomalías y dificultades.
- *Mayor integración dentro de la organización*: reforzar simultáneamente la cohesión interna de los equipos y sus relaciones con el resto de la compañía; intensificar los intercambios, mejorar el diálogo entre los departamentos de operaciones, enriquecer los contactos con clientes y proveedores, mayor implicación con las políticas globales de la compañía.

Esta lista demuestra cómo las ventajas de la organización visual exceden en gran medida de los beneficios usuales de un sistema de información. Pero sería desafortunado para una compañía lanzar un proyecto —que no es fácil de ejecutar con éxito— sin inicialmente definir una perspectiva de guía para el proyecto. ¿Se trata meramente de instalar pósters que recomienden al personal llevar calzado de seguridad o proclamar que la calidad es el compromiso de cada uno? ¿O es el objetivo lograr una gestión más eficaz a través de la comunicación visual?

Si es válida la primera hipótesis, el proceso implica pocas dificultades, pero ofrece pocas posibilidades de producir resultados que impresionen. Si se adopta la segunda hipótesis, entonces la escala del proyecto es absolutamente distinta. Las intenciones deben expresarse claramente; cada uno debe conocer desde el principio la orientación pretendida por la compañía.

En la fase de definición de objetivos, debe participar el comité de dirección de la compañía, jugando una función dual. Primero, antes de las actividades iniciales de implantación, el comité es responsable de definir las expectativas que tiene la compañía respecto a la comunicación visual y cómo contribuirá la comunicación visual al éxito de las políticas de fabricación de la compañía.

Segundo, el comité de dirección debe determinar si la cultura de la compañía está preparada para aceptar los elementos específicos de la comunicación visual. El comité debe también decidir sobre las medidas necesarias para la adaptación del programa.

DETERMINACION DE LA NECESIDAD DE CAMBIOS CULTURALES

Cuando he mencionado la paradoja de llamar «revolucionario» a un modo de comunicación que tiene varios millares de años, también he observado lo extraño que resulta que las fábricas empleen la comunicación visual con tan poca frecuencia. Esta actitud surge del conflicto entre la cultura tradicional en muchas compañías y las perspectivas que utilizan un modo abierto de comunicación.

Se están abandonando rápidamente las reglas que prohiben a los empleados hablar con sus colegas próximos, dejar sin permiso su estación de trabajo, o silbar mientras trabajan. No obstante, en muchos sitios están aún vivas las actitudes que engendran reglas de esta clase.

Claramente, no es fructífero introducir un proyecto de organización visual sin medir la distancia que debe cubrirse en el plano cultural.

Los principales componentes de la comunicación visual son los siguientes:

- Colocar el conocimiento y la información en el *dominio público*.
- Facilitar la propiedad del entorno a sus ocupantes (*territorio*).
- Permitir a los usuarios que participen en la creación de *reglas y estándares*.
- Incrementar la cantidad de trabajo hecho por *pequeños grupos*.
- Aumentar el *contacto informal* externo a la cadena jerárquica.

- Desarrollar un sistema de *responsabilidades compartidas,* especialmente entre los departamentos de producción y los funcionales (Mantenimiento, instalaciones, ingeniería industrial, etc.).
- Reorientar las funciones de inspección hacia la *observación de los hechos y la resolución de problemas,* en vez de hacia la monitorización de individuos y la búsqueda de culpas.
- La participación del personal de producción en *proyectos de mejora* en los lugares de trabajo.
- *Volver al nivel de los talleres* después de años de dirección centralizada.
- *Volver a la realidad* después de años de dirección a través de abstracciones.

Como la comunicación visual implica una ruptura tan decisiva con la tradición, estos diez puntos son equivalentes a una revolución cultural. ¿Debemos concluir que una compañía que no satisface estos diez requerimientos es incapaz de adoptar la comunicación visual?

Es precisa una respuesta cualificada. Por un lado, todos los lugares de trabajo visuales están comprometidos con esta orientación visual. Con todo, en muchas plantas la comunicación visual tiene éxito, aunque no se ha logrado precisamente el nivel de cambio cultural señalado. A este tipo de proyectos son inherentes múltiples niveles de progreso. No sucede de la noche a la mañana avanzar desde una actitud de ocultamiento de la información a la de participarla. El punto principal para la dirección y personal de supervisión es apoyar el proceso de participación en la información mientras se comunica a toda la compañía la nueva perspectiva.

He aquí dos recomendaciones:

- No empezar nunca un proyecto de comunicación visual sin primero verificar el compromiso de la compañía con la pauta definida por los principios citados anteriormente. No se debe nunca hacer una aproximación a la comunicación vi-

sual como mera técnica. Si la dirección central de una compañía no mantiene este concepto, la exposición pública de
información no avanzará más allá del gesto sin contenido y
la charla superficial. Los paneles colocados en las áreas de
trabajo servirán meramente como evidencia pública de una
política de apertura chapucera, hasta que alguien los retira.

* Por otro lado, la compañía no necesita completar cada una
  de las fases que conducen a la cultura ideal antes de exponer gráficos por primera vez. Una vez que se han removido
  las primeras barreras de la relación entre autoridad y posesión de información, es posible empezar.

Más allá del punto de partida, la comunicación visual llega a
ser un verdadero aliado del proyecto cultural como consecuencia
de su habilidad para estimular el diálogo y superar las barreras jerárquicas.

La comunicación visual no puede florecer sin ciertas actitudes.
Por tanto, el contenido de un proyecto se refuerza a través de su
ejecución. Lo importante es creer en el proyecto y empezar.

ESTABLECIMIENTO DE UN PLAN GLOBAL

Una declaración de misión de la compañía en cuadernos de
notas, una lámpara de aviso sobre una máquina, áreas de almacenaje pintadas sobre el suelo, una fotografía de una mejora recientemente introducida en un equipo por un círculo de calidad
—cuando todos estos medios se relacionan juntos, parece una lista surrealista. Sin embargo, estas características de un entorno visual participan de ciertos puntos. El empleo sistemático de estos
elementos refleja una relación distintiva entre los seres humanos
y la semiesfera consistente en todas las señales y símbolos que
aparecen en un determinado entorno. Esta relación no pertenece
meramente al dominio de la apariencia del lugar; más bien, corresponde a la creación de un lenguaje que es específico del
desarrollo de estructuras organizacionales colectivas y descentralizadas.

Si la dirección acepta esta propuesta, las modificaciones del entorno visual deben basarse naturalmente en el concepto de la pauta que últimamente seguirá la planta y en una perspectiva de las áreas susceptibles de transformación.

No obstante, a pesar de la utilidad de un plan global, no debe adoptarse un enfoque directivo basado en un modo autoritario de implantación. Hacer esto crea un conflicto con la naturaleza de la organización visual, cuyo desarrollo debe considerar las necesidades actualmente identificables en los lugares de trabajo.

Por tanto, la dirección debe crear un fundamento y delimitar orientaciones más bien que crear un programa detallado. Este fundamento permitirá una sinergia eficaz entre diferentes temas, empleando las circunstancias favorables que puedan surgir en un área de trabajo y diseminando soluciones a través de toda la compañía.

Todas las acciones deben sucederse dentro del contexto de una visión coherente. La preparación inicial, la formación, la adaptación cultural de la compañía, la habilidad para asimilar mensajes, y todos los esfuerzos que tienen que hacerse al lanzar un proyecto se autojustificarán por sus resultados a largo plazo.

Diagnóstico

El diagnóstico debe preceder al desarrollo de cualquier plan. Un diagnóstico que se desarrolle en referencia a las categorías que hemos examinado revelará los puntos fuertes y debilidades de los recursos de comunicación disponibles en un lugar de trabajo.

Después del diagnóstico, confíe a un grupo de trabajo la tarea de definir las principales orientaciones de acuerdo con los objetivos deseados. El grupo de trabajo debe incluir a los principales ejecutivos de la compañía.

No hay respuesta universal a la cuestión de por dónde empezar. No obstante, hay dos recomendaciones:

- Empiece el desarrollo de la organización visual desde su fundamento más bien que desde su superestructura. Establecer un *territorio* (identificación, planificación de áreas para funciones específicas, implantación del orden, limpieza) es parte del fundamento, junto con la creación de la *documentación* (estándares, métodos, conocimiento). Los componentes de la superestructura incluyen los temas operacionales examinados anteriormente: flujo y control de los stocks, monitorización de la producción, indicadores y mejoras.

- En los temas operacionales, otorgar prioridad a los que ofrecen mayores probabilidades de éxito. En relación con cada acto de comunicación visual existe una dimensión cultural correspondiente. Es inútil empezar con un dominio en el que son elevados los riesgos de fallo. Por ejemplo, una planta en la que monitorizar los niveles de rendimiento conduce a frecuentes conflictos sobre salarios encontrará dificultades para introducir rápidamente la exposición pública de indicadores. Una compañía a la que le falta maestría en su propia estructura logística no puede llevar adelante la exposición de metas de entrega que constantemente no se satisfacen.

La organización entera tiene que descubrir desde el principio las ventajas de la organización visual. La tarea más vital es facilitar la evidencia de que el sistema trabaja.

Expansión a otros departamentos

En este libro, he restringido intencionadamente mi escrutinio de la organización visual al dominio de la fabricación. No obstante, es difícil iniciar actividades en las unidades de producción sin tocar al resto de la compañía.

Si la dirección procede de este modo, se percibirá que utiliza dos lenguajes. ¿Puede la dirección alabar las ventajas de la visibilidad total mientras estimula a algunas unidades a ser mucho más visibles que otras?

Reconociendo los atributos generales de la organización visual, las aplicaciones no pueden limitarse a una unidad. La mayoría de los ejemplos citados son fácilmente transferibles a los departamentos técnicos, unidades administrativas, divisiones de ventas, y a cualquier contexto donde el trabajo se realice colectivamente.

Iniciando proyectos en otras secciones además de las unidades de producción, una compañía puede mejorar la probabilidad de éxito del proyecto visual, situando todos los proyectos en el único fundamento apropiado: el fundamento cultural de la compañía.

CREACION DE LA NECESIDAD

He resaltado la necesidad de un proceso de apropiación mientras se conduce un proyecto de organización visual. Entre los factores que contribuyen al desarrollo con éxito de este proceso es que los usuarios perciban su necesidad.

Por ejemplo, suponga que un amigo le ofrezca una herramienta para realizar diversos trabajos. Si emplea la herramienta frecuentemente, puede que pronto empiece a decir «mi herramienta». Por otro lado, si nunca encuentra un uso práctico para la misma, no la visualizará como una herramienta. Su imagen continuará siendo abstracta. Como un regalo no deseado, la herramienta dentro de su funda evocará meramente las generosas (pero no acertadas) intenciones del amigo.

Una situación similar se produce en el lugar de trabajo. Los medios físicos son como el embalaje, mientras la información que puede extraerse de los mismos constituye una herramienta. Cuando se inicia un proyecto de comunicación visual, una meta temprana debe estimular los deseos de los usuarios de remover el embalaje de la herramienta.

En términos prácticos, un medio visual no debe aparecer nunca como una meta *per se*; en vez de ello, debe verse como el medio más apropiado para solucionar un problema. No deben nunca instalarse paneles o luces de señal, o montar televisores en las áreas de trabajo sin haber creado las condiciones que hacen útil su presencia.

Por ejemplo: estimular el deseo de mejoras en los equipos de producción antes de exponer públicamente indicadores de resultados. Antes de desarrollar documentación visual, establecer condiciones de autonomía que exijan reforzar la rigurosidad metodológica. Antes de exponer programas en los lugares de trabajo, redefinir responsabilidades en cuanto a programación.

Similarmente, si la situación incluye exponer paneles que indican las actividades o identidades de equipos de unidades de producción, haga que este paso responda a una necesidad: el comienzo de una nueva actividad del equipo, el contacto con el mundo externo (visitas a la planta, días de puertas abiertas), lanzamiento de proyectos de la compañía, etc.

El elemento que debe recibir atención prioritaria en un proyecto de información visual es la *cuestión* más bien que la *respuesta*. No puede vender información visual a clientes que son incapaces de entender su valor.

Procediendo de esta forma, una planta puede protegerse a sí misma de un gran riesgo: convertir a la comunicación visual en un proceso meramente cosmético. Planteando cuestiones sobre los factores que crean la necesidad de la información, es imposible evitar una reflexión coherente y profunda. Planteándose cuestiones se evita iniciar esfuerzos que se queden a medio camino, como una planta que exponga gráficos que indican resultados, pero no permita tiempo suficiente para que los empleados los lean y discutan.

ASEGURAR LA IMPLANTACION

Ha llegado el tiempo de iniciar acción. *Piense en grande, empiece por lo pequeño,* es una recomendación escuchada frecuentemente.

«Pensar en grande» se hace en las fases preparatorias. «Empezar por lo pequeño» es lo que cuenta en el punto de iniciar la acción.

Introducir los medios visuales en una planta entera de una vez puede probar ser difícil. Las diferentes unidades de producción pueden no tener la misma cultura. Hay que tener presente esto a la hora de seleccionar momentos y lugares.

La asimilación es un proceso que necesita tiempo. Una introducción indebidamente rápida de medios visuales puede dotar a un proyecto con un aura autoritaria que será un obstáculo para el éxito.

Cuando se han seleccionado temas, puntos de aplicación, y tiempos, debe prevalecer el pragmatismo en la implantación. El objetivo importante es conseguir rápidamente objetivos concretos. Cuando una unidad de producción empieza a transmitir mensajes visuales, otros empleados la visitarán. El deseo de hacer lo mismo (y hacerlo mejor) emerge de forma natural. Los ensayos iniciales pueden crear condiciones favorables para la organización entera.

No buscar la perfección

Es poco provechoso buscar la obtención de resultados impecables con demasiada rapidez. Un gráfico prototípico, un método de exposición provisional, o un bosquejo simple pueden facilitar la asimilación por los usuarios con mayor prontitud que un misterioso panel electrónico con diodos luminosos.

Paradójicamente, la falta de perfección técnica, en vez de constituir un obstáculo, puede ser una ventaja. Una cierta cantidad de insatisfacción es necesaria para el apropiado desarrollo de un proceso de asimilación. No es ciertamente una dificultad que se critiquen las técnicas primeramente empleadas y que se piense en otras mejores.

Este enfoque no excluye el uso de métodos sofisticados. Sin embargo, debe reservar tales métodos para una fase siguiente cuando hayan demostrado su valor los métodos manuales.

Los medios visuales están sujetos a cambios dramáticos. Después de varios meses de emplear un gráfico, no es incorriente que se presente como alternativa otra técnica. Tales evoluciones ofrecen razones para no implantar técnicas que sean demasiado costosas o inflexibles. Hay que prever la constante remodelación del campo visual en correspondencia con los cambios que afectan a la planta, a sus métodos, o a sus actitudes.

Una palabra final de consejo

La selección de información y su modo de presentación, la preparación física de los medios, y la selección de localizaciones debe realizarse en cooperación con el personal empleado en las unidades de producción.

La forma de la cooperación variará en relación con los medios, la compañía, su estilo de dirección, cultura, y estructura jerárquica. Tener presente un principio fundamental: *los habitantes de un área son las primeras personas a comprometer en la organización visual de su espacio.*

LAS FABRICAS DE MAÑANA

Habiendo empleado anteriormente imágenes asociadas con el deporte, continuaré con ellas hasta llegar a la conclusión. Durante largo tiempo, la producción ha consistido en un levantamiento de pesos, con cada empleado tratando de alzar sólo sus propias pesas de fundición. Se crea así una gran cantidad de músculo, y se pueden levantar más kilogramos.

Actualmente, están involucrados diferentes deportes. Ahora la gente juega al fútbol —o al baloncesto, water-polo o rugby. La producción ha llegado a ser un deporte de equipo; estamos involucrados en una competición— sea en ligas internacionales o en un nivel más modesto.

Reconociendo la naturaleza del deporte y la existencia de una competición fuerte y extremadamente bien organizada, debemos también reconocer que las compañías nunca tendrán plantas ganadoras si solamente la alta dirección y unos pocos ejecutivos son los únicos que tienen una clara visión del juego. La visibilidad debe ampliarse para reforzar la cohesión del grupo. Ha llegado el tiempo de iluminar el estadio.

Me he encontrado con esta imagen de lugares de trabajo iluminados en la planta de Hewlett-Packard en Sunnyvale, California, donde fuí recibido por el director de producción Lee Rhodes. Nos sentamos en la planta de cafetería, en la que las mesas estaban instaladas sobre una terraza. El sol de California resplandecía entre los abedules cercanos al edificio principal.

«En los Estados Unidos», explicaba Rhodes, «muchas plantas practican aún obstinadamente una forma de gestión de los recursos humanos que denominamos "gestión hongo". Similar al crecimiento de los hongos, que necesitan poca luz y mucho humus, la gestión hongo mantiene a los trabajadores en la oscuridad en cuanto a información y sumergidos en mucho trabajo duro».

«¿Es porque hay poco que aprender?» se preguntaba Rhodes. «Ignorar la riqueza de información que se requiere en cualquier proceso de producción y adicionalmente ignorar el potencial humano para procesar esa información es un prejuicio de la Edad de Piedra. No es para maravillarse que incluso estando fuertemente iluminadas, cuando uno entra en esas áreas de producción, tiene la impresión de estar andando en la oscuridad».

Visitando los lugares de trabajo visuales descritos en este libro, prevalece la experiencia opuesta: el sentimiento de estar en un lugar luminoso, limpio, brillante y colorido.

Las fábricas de mañana serán fábricas luminosas.

Sobre el autor

Michel Greif ha enseñado Dirección de Operaciones desde 1980 en Hautes Etudes Commerciales (HEC), París, la escuela de negocios mejor conocida de Francia. Ha trabajado desde 1970 como vicepresidente de fabricación en Sevylor, fabricante francés de balsas inflables. Se graduó en ingeniería en la Ecole Polytechnique, París, doctorándose en geofísica. El Dr. Greif es el autor de *Gestion informatique de la production et des stocks* (París: Weka, 1984), y coautor de *Management industriel et logistique* (París: Economica, 1990) y *Guide pratique du management* (París: Presses de la Cite, 1990).